Jean-Michel Courty, Édo

Le monde a ses raisons

La physique au cœur du quotidien

Illustrations de Bruno Vacaro

Préface de Claude Cohen-Tannoudji

BELIN • POUR LA SCIENCE
8, rue Férou
75278 Paris Cedex 06

Remerciements

Les textes de cet ouvrage doivent beaucoup au travail de François Savatier et de Maurice Mashaal. Qu'ils trouvent ici l'expression de notre sincère gratitude. Par leurs regards critiques et leurs remarques pertinentes, Philippe Boulanger et Françoise Pétry nous ont stimulés, tant sur le fond que sur la forme. Nous les remercions de la confiance qu'ils nous accordent.

ISSN en cours

ISBN 2-84245-080-9

Sommaire

À Cécile et Marie-Luce

Préface

Pourquoi faut-il utiliser du sable humide pour construire un château de sable ? Pourquoi certains habitants des pays chauds, comme les Bédouins, portent-ils des vêtements noirs et non clairs ? Comment fonctionnent les portiques de sécurité dans les aéroports et quel type de rayonnement utilisent-ils ? Comment une pierre ricoche-t-elle sur l'eau ? Lequel d'entre nous ne s'est pas posé des questions analogues aux précédentes en observant des phénomènes courants de la vie quotidienne dans le monde qui nous entoure ? Or, ce « monde a ses raisons », comme l'indique le titre de cet ouvrage de Jean-Michel Courty et Édouard Kierlik, raisons basées sur les lois de la physique et permettant de rendre intelligibles ces divers phénomènes.

La physique nous permet ainsi de comprendre ce que nous observons. Ce sont les mêmes lois universelles qui régissent les phénomènes quotidiens et les expériences de pointe menées dans les laboratoires de recherche. Le grand mérite de cet ouvrage est de montrer ainsi à un public très vaste, et au moyen d'exemples très concrets, comment la science, et en particulier la physique, donnent du sens au monde qui nous entoure, au moyen d'un petit nombre de concepts et de lois fondamentales.

Il n'y a pas de petite physique ou de grande physique et les auteurs ne font aucune exclusive, abordant des sujets ardus, comme le pendule inversé ou le piège de Paul, mais aussi des jeux d'adresse comme le Bozo-Bozo. Ils présentent des résultats de recherches récentes, comme les ondes Terahertz ou le soliton acoustique, et n'hésitent pas à revisiter des problèmes plus classiques en les illustrant avec des nouveaux exemples. Quel que soit le sujet abordé, sérieux ou léger, ils obéissent toujours aux mêmes exigences de rigueur et de clarté.

Je suis sûr que cet ouvrage rencontrera un très grand succès auprès d'un public très large, comportant des curieux des sciences, des étudiants, des enseignants heureux d'y trouver une source d'inspiration. Je félicite les auteurs pour les efforts qu'ils ont déployés pour rendre la physique attrayante et pour souligner la puissance et la généralité de la démarche scientifique.

Claude COHEN-TANNOUDJI
Prix Nobel de physique 1997

Étoiles des neiges

La forme d'un flocon de neige est déterminée par les symétries de la molécule d'eau et les conditions atmosphériques pendant sa chute.

Après cette nue, il en vint une autre qui ne produisait que de petites roses ou roues à six dents arrondies...
René Descartes, *Les Météores*, 1637

Chaque flocon de neige est unique, que sa forme soit celle d'une plaquette, d'une étoile, d'un bouton de manchette ou d'une nouille. Ce particularisme intrigue les savants, les premiers à s'en étonner étant Johannes Kepler et René Descartes. Aujourd'hui, les physiciens savent quels mécanismes commandent la croissance cristalline de la glace. Pour les découvrir, nous suivrons, de la prime enfance à la maturité, la croissance d'un «peloton de glace», comme disait si joliment Descartes. Nous comprendrons alors mieux l'incroyable variété de la structure des flocons et l'origine des angles de 60° ou de 120° qu'elle arbore partout.

La naissance d'un flocon de neige s'accomplit sous les auspices de trois marraines : la vapeur d'eau, la température et... la poussière. La vapeur d'eau, tout d'abord, doit être suffisamment dense dans l'atmosphère pour qu'elle s'y condense à la première occasion. Elle se condense sous forme de glace, quand la température est inférieure à 0° C à partir d'une densité minimale de vapeur d'eau dans l'atmosphère, la densité de saturation. Cette saturation dépend de la température : elle est atteinte pour cinq grammes par mètre cube à 0° C, mais seulement pour un gramme par mètre cube à –18° C. Finalement, il faut aussi une poussière. La croissance cristalline s'amorce à partir d'un germe, soit une poussière, soit un microcristal de glace. Quand l'atmosphère est très propre, un tel cristal microscopique ne se forme pas facilement. La densité de vapeur d'eau peut même dépasser quatre fois la valeur de saturation sans que la moindre glace ne se forme. À un certain niveau de sursaturation, toutefois, les chocs entre molécules d'eau finissent par créer des agrégats assez volumineux pour servir de support à la croissance cristalline. Dans les nuages de neige, la vapeur d'eau est rarement aussi dense : aussi, le plus souvent, la croissance de la glace s'amorce à la surface de poussières atmosphériques. La chute de neige dense que nous espérons pour Noël est, pour l'essentiel, une pluie de poussières atmosphériques que leur robe de glace contraint à la chute!

Germes atmosphériques

Ces poussières atmosphériques sont, par exemple, de mica ou d'argile. De telles particules sont d'excellents «germes de croissance», car leur surface est faite d'atomes d'oxygène arrangés suivant une structure proche de celle de la glace. Une poussière est d'autant plus active qu'elle est grande et des particules d'un centième de millimètre se couvrent de glace dès que la saturation est atteinte. En revanche, les poussières submicrométriques que l'on trouve au-dessus de 4 000 mètres d'altitudes ne servent de germes que si l'atmosphère est nettement sursaturée.

Le cristal initial de glace mesure environ un centième de millimètre et sa forme est vaguement sphérique même si sa surface est très irrégulière à l'échelle moléculaire. La croissance qui se poursuit réduit très rapidement cette rugosité, car les molécules d'eau se fixent préférentiellement là où elles peuvent établir le plus de liaisons avec leurs semblables, donc dans les creux. Petit à petit, la croissance engendre des plans cristallins et elle détermine leurs surfaces et leurs orientations de façon à produire une forme régulière et symétrique. Quelle est la raison moléculaire de ce comportement surprenant? Aux pressions et aux températures atmosphériques, chaque molécule d'eau se trouve au centre d'un tétraèdre formé par ses quatre voisines et le réseau cristallin de la glace a une symétrie hexagonale (on comprend cette géométrie en regardant les tétraèdres «de dessus» : ils se projettent alors selon des triangles équilatéraux, qui accolés forment des hexagones). Le cristal qui résulte de la croissance est un prisme hexagonal, dont les faces supérieure et inférieure sont des hexagones (ce qui explique les angles de 120 et 60 degrés) et les facettes latérales des rectangles. Sa taille initiale est de l'ordre d'un cinquième de millimètre : ceux dont la croissance a abouti à une autre forme intègrent néanmoins des hexagones dans leur structure.

Dans l'étape suivante de la croissance, la nature de la surface de la glace joue un rôle dominant. Les molécules qui la constituent forment une couche désordonnée, quasi liquide. À l'échelle microscopique, cette couche conserve une sorte de mémoire de la structure des plans cristallins sous-jacents. À notre échelle, elle «lubrifie» la glace et la rend glissante ; c'est aussi par son intermédiaire que les flocons se collent lorsque nous formons des boules de neige. Nous savons cependant, qu'il est difficile de patiner ou de mettre la neige en boule par grand

1. À un stade précoce de sa croissance, un flocon de neige prend la forme d'un prisme hexagonal, qui croîtra ensuite selon trois modes possibles.

froid : cette observation nous indique que la couche superficielle quasi liquide n'existe pas quand il fait trop froid. Haute à peu près comme une molécule quand elle apparaît vers –12° C, elle gagne très vite en épaisseur quand la température croît. Vers 0° C, elle pénètre le cœur même du cristal : la glace s'est transformée en eau. Puisque la surface du cristal est quasi liquide, les molécules qui s'y déposent, peuvent s'y déplacer ensuite jusqu'à l'endroit le plus favorable (un creux!) avant de se fixer. Selon la température, ce processus de diffusion est plus ou moins lent, ce qui affecte la forme prise par le flocon.

L'histoire détermine la géométrie

Ainsi, selon les conditions atmosphériques, les flocons, jusque-là tous jumeaux, adoptent une multitude de formes. Trois modes de croissance dominent. Les deux premiers sont commandés par la température : selon la valeur de celle-ci, ce sont soit les faces hexagonales, soit les facettes latérales,qui «poussent» le plus vite. Entre –10° C et –5° C, les bases hexagonales se développent plus que les facettes : à –6° C par exemple, cette vitesse de croissance est le double de celles des facettes latérales et le flocon a alors l'aspect d'une colonne. Aux températures supérieures à –5° C ou inférieures à –10° C en revanche, les facettes croissent plus rapidement que les faces hexagonales : elles poussent par exemple de 0,5 millième de millimètre par seconde à –13° C, soit quatre fois plus que ne le font les bases. Un flocon de neige qui reste à cette température pendant toute sa croissance prend la forme d'une plaquette hexagonale.

Le troisième mode de croissance est commandé par la concentration en eau de l'atmosphère où se forme le flocon. Plus la sursaturation est importante et plus le cristal croît vite. Lorsque la vitesse de croissance devient trop grande ou quand le cristal est devenu grand, les molécules d'eau qui se déposent n'ont guère le temps de migrer à la surface cristalline avant de se fixer. Il en est de même à très basse température lorsque la couche quasi liquide est absente. Puisqu'elles ne migrent plus, les molécules d'eau se fixent près de l'endroit où elles ont rencontré la surface cristalline.

2. Au sein de la glace, les molécules d'eau tendent à créer le plus possible de liaisons, ce qui explique la formation des plans cristallins.

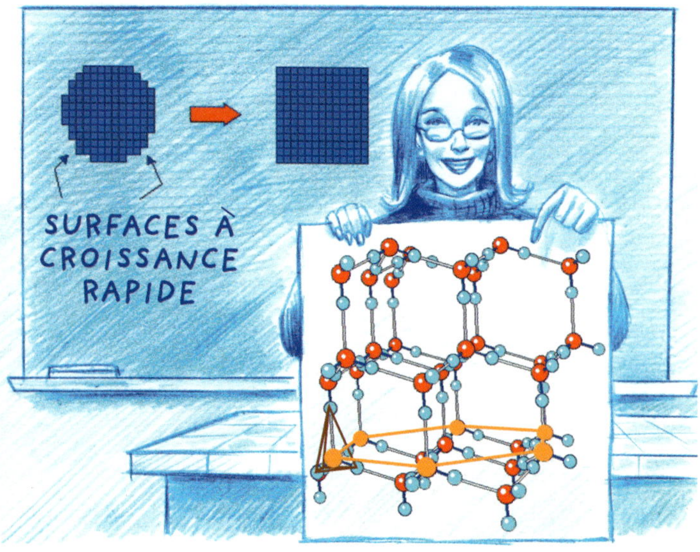

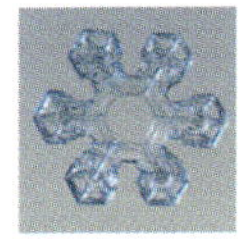

Quels endroits sont plus souvent atteints ? Les arêtes ! Ce comportement s'amplifie de lui-même, car plus les arêtes croissent, plus elles font saillie, et plus leur croissance s'accélère. C'est par ce mécanisme que se forment les flocons en forme d'étoiles à six branches (les «roues à six dents» de Descartes).

Le même mécanisme fonctionne aussi de façon plus compliquée. Ainsi, il arrive que les branches à leur tour se dentellent, se subdivisant en branches plus petites, qui elles-mêmes se divisent... L'origine de cette magnifique ramification et de sa régularité a été expliquée en 1964 par les Américains Mullins et Sekerka, qui s'intéressaient aux nombreuses structures ramifiées observées en métallurgie. Mullins et Sekerka ont montré qu'une surface plane qui croît trop vite se couvre de bosses séparées par une distance d'autant plus petite que la vitesse de croissance est grande. En d'autres termes, la diffusion rapide de particules vers la surface favorise la croissance des bosses placées à une certaine distance les unes des autres. Si la croissance se poursuit au même rythme, celles-ci deviennent majoritaires, de sorte qu'un réseau régulier d'aspérités recouvre bientôt la surface. Dans le cas du flocon, la subdivision des branches d'un flocon n'intervient que si la vitesse de croissance est assez grande pour que la longueur séparant deux nouvelles aiguilles (les bosses) soit inférieure à la longueur des aiguilles déjà constituées.

3. Une couche d'eau quasi liquide recouvre les flocons de neige ou la glace quand il ne fait pas trop froid. Sans elle, il ne serait ni possible de mettre la neige en boule ni de glisser sur les flaques gelées.

La chute

Puisque nous comprenons désormais les formes multiples des «pelotons de glace», il nous reste à imaginer leurs parcours. Nés à haute altitude, où il fait très froid, les flocons sont emportés par le vent pendant leur croissance. De plus en plus lourds, ils tombent doucement vers le sol, traversant diverses couches de l'atmosphère, où ils rencontrent des conditions différentes. Ainsi, chaque couche et chaque endroit de l'atmosphère favorisent tel mécanisme de croissance, puis tel autre, etc. Une étoile à six branches qui traverse un nuage à –15° C, se parera bientôt d'étincelantes aiguilles ; confrontée à l'humidité extrême d'une couche basse à –2° C, elle accrochera promptement de fines plaquettes aux extrémités de ses aiguilles, etc.

Malgré les progrès accomplis depuis Descartes, la neige garde nombre de ses mystères. Les flocons sont presque toujours parfaitement symétriques. Quelle que soit leur complexité, leurs branches sont parfaitement identiques. Pourquoi? Un mécanisme régule-t-il la croissance de l'ensemble du cristal? Ou bien, le fait que chaque branche croisse dans les mêmes conditions suffit-il à expliquer leur étonnante similitude? Les pelotons de glace n'ont pas fini de nous intriguer. ■

Cercles de pierres

Les cycles gel-dégel engendrent des structures de pierre à la surface du sol.

Dans les régions arctiques, les effets du froid sur le relief sont spectaculaires : le gel gonfle les pingos, des buttes de plusieurs dizaines de mètres de haut, trie les pierres et les dispose en figures régulières sur des centaines de mètres carrés. Nous découvrirons par quels mécanismes s'organisent ces paysages.

Lorsque la température de l'atmosphère passe sous 0° C, le sol gèle en commençant par sa surface : la zone dont la température est à 0° C se déplace vers le bas. Nommée onde de gel, elle laisse les couches au-dessus d'elle à des températures négatives. La transformation d'eau en glace résultant du passage de l'onde a des effets d'autant plus importants que le sol est humide, car la masse volumique de la glace est plus faible que celle de l'eau : lors du gel, le volume occupé par la glace est, à pression constante, neuf pour cent supérieur à celui de l'eau.

La glace peut alors prendre la place de l'air situé dans les anfractuosités du sol. En revanche, si la glace vient à manquer de place, sa formation crée des contraintes mécaniques très fortes. Dans le cas

extrême où l'on essaye de congeler de l'eau à volume constant, la pression augmente tellement que tout obstacle à l'augmentation de volume est repoussé ou brisé, et le sol meuble est ainsi tassé et compacté. Les agrégats de roches les plus fragiles sont désagrégés et le sol devient pulvérulent. Les roches poreuses ou présentant quelques interstices dans lesquels l'eau s'est infiltrée sont brisées : il « gèle à pierre fendre ».

Les pingos

Lorsque le sol est gorgé d'eau, il arrive que l'augmentation de volume soulève le sol de quelques centimètres. Dans les régions de froid intense, comme l'Alaska ou la Sibérie, l'effet peut être plus spectaculaire. Lorsqu'elle rencontre une poche d'eau souterraine ou si le terrain est gorgé d'eau, l'avancée de l'onde de gel crée dans le sol une forte surpression. Cette surpression hydrostatique locale est transmise à tout le sous-sol et soulève le sol à l'endroit où il est le plus fragile et le plus mince. Il se crée à cet endroit une poche d'eau qui grossit tant que la progression de l'onde de gel

L'augmentation de volume de l'eau lors de son gel crée une surpression dans le sol. L'eau expulsée par la formation de glace (de plus grand volume que l'eau) dans la zone gelée *(en mauve)* remonte vers la surface en soulevant le sol *(a)*. Quand cette eau gèle, elle forme une lentille de glace *(en bleu)* et constitue le noyau d'un «pingo» ; cette lentille se forme aussi sous une pierre ou sous un poteau, car ceux-ci sont plus froids que le sol environnant à cause de leur conductivité thermique supérieure. La lentille de glace pompe l'eau environnante et, en grossissant, pousse le poteau vers le haut *(b)*. Lors du dégel, le poteau ne redescend pas totalement. Près d'une accumulation de pierres *(c)*, l'onde de gel ne progresse plus verticalement, mais en biais. Les lentilles de glace poussent les pierres qui viennent grossir l'amoncellement.

maintient une pression suffisante. Simultanément, l'eau contenue dans la poche gèle et, se transformant en glace, elle augmente encore de volume et forme une butte : il s'agit d'un pingo, mot inuit signifiant colline. Le pingo grossit d'année en année et sa hauteur peut atteindre plusieurs dizaines de mètres. Quand l'alimentation en eau se tarit, le pingo régresse.

Un mécanisme plus subtil s'ajoute à ceux déjà évoqués, le cryopompage. Lors de la formation de la glace, la quantité d'eau liquide présente dans le sol au niveau de l'onde de gel diminue. Le sol se dessèche, tout comme lorsque l'eau s'évapore en été. À causes semblables, effets similaires : si les pores du sol sont suffisamment étroits, l'eau liquide remonte des profondeurs par capillarité tout comme elle le ferait dans une éponge sèche. Il y a toutefois une différence majeure avec l'évaporation. L'eau qui s'est transformée en vapeur quitte, en été, la surface du sol tandis que l'eau qui s'est transformée en glace reste à l'endroit où elle a gelé. Ainsi, un sol humide ne reste pas homogène lorsqu'il gèle : le cryopompage favorise l'apparition de lentilles de glace qui grossissent et soulèvent le sol tandis qu'elles dessèchent et tassent les couches inférieures.

La formation des cercles

Si le sol contient des pierres, la formation de ces lentilles entraîne un tri des matériaux. Pour le comprendre, analysons la propagation de l'onde de gel en présence de rochers. Pour former un gramme de glace, il faut prélever à l'eau des centaines de fois plus d'énergie qu'il n'en faut pour abaisser de un degré un gramme de sol typique. L'onde de gel progresse donc beaucoup plus vite dans les pierres (sèches) que dans les sols (humides), car il y a moins de chaleur à évacuer. Cela est d'autant plus vrai que la conductivité thermique des pierres est bien meilleure que celle du sol meuble : par exemple, le granite conduit cinq fois mieux la chaleur que le sable sec. Dans une pierre dont la face supérieure est atteinte par l'onde de gel, la température descend presque immédiatement à zéro dans tout le volume. Pendant ce temps, l'onde de gel ne descend presque pas. Ainsi la base de la pierre est à zéro degré alors que le sol qui se trouve au même niveau est plus chaud : les lentilles de glace se forment donc de préférence sous les pierres. Cette lentille aspire l'eau environnante par cryopompage. Lorsque celle-ci arrive au niveau de la lentille de glace, elle gèle, augmente de volume et pousse la pierre vers le haut. Au dégel, la cavité se remplit d'eau et de débris ; la pierre quant à elle ne redescend pas, car elle reste généralement soudée au sol par sa face supérieure et ses côtés. Ainsi, à chaque cycle gel/dégel, la pierre monte un petit peu jusqu'à finalement atteindre la surface du

sol. C'est la cryoextraction. Cela peut arriver quelle que soit la latitude dès lors qu'il y a suffisamment de journées de gel dans l'année. Ces phénomènes sont cependant cruciaux sous les climats arctiques. Si l'on n'y prend pas garde, les piliers plantés dans le sol ou les pipelines enterrés sont poussés vers le haut au fil des années.

Lorsque les pierres sont nombreuses, les conséquences sont encore plus étonnantes. Il y a tout d'abord une ségrégation en fonction de la taille : les plus grosses pierres se retrouvent en surface tandis que les plus petites sont en dessous. Ensuite, pour les raisons déjà évoquées ci-dessus, l'onde de gel pénètre plus vite dans une zone où les pierres se sont amoncelées. L'onde de gel n'est plus horizontale, mais inclinée : elle suit le contour de la zone riche en pierres. À cause de cette inclinaison, les lentilles de glace ne se forment plus à la verticale des pierres, mais sur la perpendiculaire à l'onde de gel. Au cours des alternances gel-dégel, la pierre est ainsi poussée de travers et va aller grossir l'amoncellement. Enfin, l'amoncellement lui-même va évoluer : comprimé sur les côtés par les lentilles de glace lors des périodes de gel, il a tendance à saillir du sol. Puisque les contraintes sont les plus fortes là où la couche de pierre est la plus épaisse, le monticule a son sommet à la verticale de ces endroits. Les différences d'altitude de sa surface provoquent des éboulements qui redistribuent les pierres des zones épaisses aux zones plus minces.

Petit à petit, l'amoncellement s'allonge et se transforme en une sorte de longue veine. Selon la nature exacte du sol et les climats, ces veines de pierre s'organisent en cercles, labyrinthes ou polygones de pierre, toutes sortes de structures que l'on retrouve d'abord sous les climats arctiques, mais aussi en montagne. L'effet est saisissant quand les rochers qui sont ainsi triés ont des tailles de plusieurs décimètres ou plus. La nature a aussi ses Stonehenge comme on le voit sur la photographie des steppes glacées du Spitzberg.

Les mélanges du froid

Nos réfrigérateurs fonctionnent bien grâce à des mélanges de bonne composition qui se liquéfient ou se solidifient comme des corps purs.

La transformation d'un solide en liquide (liquéfaction) et d'un liquide en vapeur (vaporisation) absorbe de la chaleur. Cette chaleur « latente » est prise à l'environnement, ce qui le refroidit. Quand on exploite cette propriété pour produire et conserver du froid, les produits changeant d'état doivent être faciles à obtenir, bon marché et inoffensifs ; en outre, les températures des changements d'états doivent être voisines de celles utilisées en réfrigération. Aucun corps pur ne vérifie tous ces critères et les frigoristes obtiennent un meilleur compromis avec des mélanges binaires particuliers : les azéotropes et les eutectiques.

Dans une chaîne frigorifique, un fluide réfrigérant extrait la chaleur d'une enceinte et l'évacue vers l'extérieur. D'abord liquide, le fluide est partiellement vaporisé dans le détendeur, puis parvient dans l'évaporateur, où il achève de changer d'état. Il absorbe ainsi la chaleur de l'enceinte. Comprimé, il est ensuite introduit à haute pression dans le condenseur, où il cède sa chaleur à un radiateur, avant de redevenir liquide. Puis le cycle reprend.

1. Dans un réfrigérateur, la vaporisation d'un fluide absorbe la chaleur interne. Devenu gazeux, ce fluide est transporté à l'extérieur, où il cède sa chaleur avant de subir une compression et une condensation.

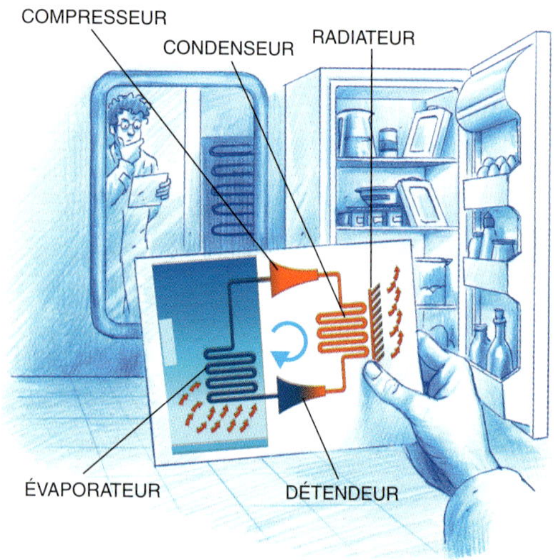

Un réfrigérateur met donc à profit la chaleur latente du fluide réfrigérant : la quantité de chaleur nécessaire pour le vaporiser. Ainsi l'ammoniac (NH_3) bout à –33 °C sous une atmosphère. La chaleur latente de vaporisation d'un gramme d'ammoniac est de 1 300 joules, beaucoup plus grande que la « chaleur sensible » échangée lors de variation de température sans modification de l'état physique : il suffit ainsi de 130 joules pour abaisser de près de 60 degrés (de 25 °C à –33 °C) la température d'un gramme d'ammoniac gazeux.

L'ammoniac est un corps pur doté des propriétés physiques appropriées pour faire un bon fluide réfrigérant ; toutefois son usage a été progressivement banni de nombreux systèmes, car il est toxique. Un autre corps pur, le dichlorodifluorométhane (CCl_2F_2) serait un liquide réfrigérant idéal, s'il ne faisait partie des « CFC » qui détruisent la couche d'ozone. Après l'interdiction des CFC en 1989, les frigoristes ont recherché une alternative. Comme

aucun corps pur ne correspondait à leur « cahier des charges », ils se sont tournés vers les mélanges à deux composants.

Distillateurs à la rescousse

2. La distillation d'un jus alcoolique produit un nouveau mélange plus concentré en alcool. Le même phénomène se produit dans les circuits de réfrigération quand on y introduit un mélange mal proportionné.

L'évaporation d'un mélange binaire est un phénomène plus complexe que celle d'un corps pur, car les deux composants ont des volatilités différentes. Les distillateurs exploitent cette différence pour distiller des « alcools forts ». L'éthanol (l'alcool!) est plus volatil que l'eau. Sous la pression atmosphérique, il bout à 78,4 °C, température nettement inférieure à 100 °C. Pour cette raison, la vapeur qui surmonte un mélange alcoolique porté à ébullition, du vin par exemple, est enrichie en alcool.

Les distillateurs, après qu'ils ont récolté et malaxé leurs fruits, laissent fermenter plusieurs semaines le moût obtenu. Le jus qu'il en tire ensuite contient environ cinq pour cent d'éthanol, mais produit une vapeur « à 40 pour cent », c'est-à-dire huit fois plus riche en alcool que le liquide distillé. Cette proportion décroît ensuite à mesure que le jus s'appauvrit en alcool. Dans le même temps, sa température d'ébullition augmente en se rapprochant de celle de l'eau, 100 °C. Quand la distillation commence, la température d'ébullition est de 90 °C (5 pour cent d'alcool dans le jus). Le distillateur arrête l'ébullition quand la température d'ébullition vaut 95 °C, car la proportion d'alcool dans la vapeur produite chute sous 20 pour cent (2,5 pour cent d'alcool dans le jus).

L'azéotrope, imitation de corps pur

Précieux pour le distillateur, ce mécanisme est gênant pour le frigoriste. L'évaporateur fonctionne comme un alambic et « distille » le mélange binaire qui sert de fluide de refroidissement. Ce dernier s'y appauvrit en celui de ses composants le plus volatil. La composition du fluide réfrigérant varie d'un point à l'autre du circuit, ce qui modifie les températures de fonctionnement. En outre, des échanges gazeux intempestifs tendent à rétablir un mélange de proportion uniforme dans le circuit. Le rendement thermique est dégradé.

Ces désordres sont évités si l'on utilise certains mélanges binaires qui, comme un corps pur, ont une température d'ébullition constante. Les proportions d'un tel mélange binaire nommé azéotrope (du grec *zein* pour bouillir) sont précisément définies. Là encore, le cas du mélange d'eau et d'éthanol est éclairant : pour obtenir un alcool à 55 degrés, les distillateurs pratiquent une seconde distillation à partir du distillat de la première. En général, ils s'arrêtent là, trouvant sans doute la «boisson d'homme» obtenue assez virile. Dans les distilleries qui produisent de l'alcool à usage médical à partir des lies et d'autres résidus de la vinification, on enchaîne au contraire les distillations pour faire monter le degré d'alcool dans le distillat. Toutefois, aussi nombreux que soient les cycles, le mélange obtenu ne dépasse pas 95 pour cent d'alcool.

Pourquoi ? À cette concentration précise, la vapeur de distillation contient autant d'alcool que le mélange alcoolique distillé. La distillation ne modifiant plus les proportions du mélange, celui-ci bout à température constante comme un corps pur : il est azéotrope ! Dans le cas du mélange binaire azéotrope eau/éthanol, la température d'ébullition du liquide vaut 78,15 °C.

Les frigoristes utilisent les azéotropes, car ils garantissent une composition uniforme dans tout le circuit de refroidissement et ont une température de changement de phase fixe. Ils ont obtenu de nombreux fluides de refroidissement intéressants avec des hydrofluorocarbures ou « HFC », inoffensifs pour la couche d'ozone. Très utilisé dans les enceintes frigorifiques, l'« AZ-50 » est un azéotrope obtenu à partir des hydrofluorocarbures C_2HF_5 et $C_2H_3F_3$ mélangés à parité. Il bout vers –47 °C sous une atmosphère.

Garder au froid

Le froid produit, les frigoristes cherchent à le conserver. Leur objectif est de maintenir constante la température de l'enceinte frigorifique, sans pour autant faire fonctionner le système de réfrigération en permanence. À nouveau, la solution consiste à exploiter un changement d'état. Toutefois, pour gagner de la place (un gaz en occupe trop), les frigoristes exploitent la transition solide/liquide, plutôt que la transition liquide/gaz. La glace est efficace pour maintenir un espace à 0 °C. Sa chaleur latente de liquéfaction est de 333 joules par gramme ce qui est considérable par rapport à nombre d'autres solides. Ainsi, tant qu'il subsiste de la glace dans l'enceinte, la chaleur qui y pénètre sert à la fondre et non pas à élever la température. Pour maintenir les enceintes frigorifiques aux températures de congélation, les frigoristes ont besoin de solides qui se liquéfient au-dessous de –18 °C. Une fois de plus, ils utilisent des mélanges.

L'eau salée semble être un bon candidat, car sa température de congélation est inférieure à 0 °C. Pourtant, elle n'est pas optimale, car

elle ne gèle pas comme un corps pur : quand on congèle de l'eau de mer par exemple, on obtient des cristaux de glace pure flottant dans une saumure plus concentrée en sel. À mesure que la congélation progresse, la concentration saline augmente et la température diminue. À l'inverse, la température d'une « saumure congelée » augmente lors de sa fusion. Un tel mélange ne saurait maintenir une enceinte frigorifique à une température constante !

3. Les plaques eutectiques du commerce sont des bouteilles aplaties emplies d'une saumure inoffensive et de concentration bien choisie.

Concentration limite

Remarquons que lors de la congélation d'eau salée, les deux phases en présence sont de compositions différentes et que, comme dans une distillation, la température évolue tout au long du processus. Quels mélanges jouent pour la congélation le rôle des azéotropes dans la distillation ? Ce sont les eutectiques (du grec *eutektos* pour « qui fond facilement »), des mélanges qui gèlent tels des corps purs. Comme eux, les eutectiques gardent une température et une composition constante pendant le changement d'état. Le plus connu des eutectiques est une saumure qui contient 22,4 pour cent de chlorure de sodium (NaCl) en masse et gèle à –21,6 °C. À cette forte concentration, elle prend en masse, donnant une «glace salée» de même composition que le liquide, et non plus une glace pure. On obtient des eutectiques dotés de températures de congélation variées à partir d'eau et de sels divers. Une solution contenant 19,5 pour cent de chlorure de potassium gèle par exemple vers –10 °C.

Pour notre part, nous connaissons les eutectiques sous le terme plus familier de «plaque eutectique». Les plus courantes ont la forme de bouteilles aplaties, dont on solidifie le contenu au congélateur avant de les emporter en pique-nique au fond de la glacière. Quant à eux, les professionnels du froid utilisent des plaques eutectiques dans leurs chambres frigorifiques afin d'espacer les périodes de fonctionnement du circuit de refroidissement. Grâce à elles, la température de la chambre reste constante tant que subsiste de l'eutectique solide à fondre. Quand ce n'est plus le cas, le système de réfrigération s'enclenche. Curiosités de laboratoire aux noms barbares, azéotropes et eutectiques font aujourd'hui partie de la vie quotidienne.

M. Van Woert - NOAA Photo Library

Le chaud qui venait du froid

Mieux vaut récupérer la chaleur présente dans l'environnement que la produire. C'est ce que font les «échangeurs à contre-courant» et les «pompes à chaleur».

Dans l'eau glacée de l'Arctique, le corps du phoque se refroidirait très vite si sa physiologie particulière ne réduisait les pertes thermiques. Ainsi, l'évolution a pourvu l'animal d'échangeurs de chaleur vasculaires qui réchauffent le sang veineux revenant vers le cœur en refroidissant le sang artériel s'écoulant vers les nageoires. Un échangeur de chaleur fournit à un corps froid, la quasi-totalité de l'énergie calorifique excédentaire contenue dans un corps chaud. Alors qu'un contact thermique simple égalise les températures des deux corps, un échangeur à contre-courant bien conçu parvient à les échanger. Une pompe à chaleur réussit encore mieux : elle extrait de la chaleur d'un corps plus froid que celui qui la reçoit ! Comment de tels transferts se font-ils ?

Échangeurs à contre-courant

Dans un échangeur à contre-courant, le transfert thermique se fait par contact entre deux fluides qui circulent dans des sens opposés, comme dans les grands échangeurs utilisés pour aérer les ensembles d'habitation. Ces dispositifs remplacent l'air intérieur vicié et chaud par de l'air pur... presque aussi chaud. Propulsées par des ventilateurs, les masses d'air circulent au sein de canalisations, où les tuyaux évacuant l'air chaud intérieur (par exemple à 20 °C) sont au contact de ceux aspirant l'air froid extérieur (par exemple à 0 °C). Entrant dans l'échangeur, l'air froid vient au contact thermique d'air vicié déjà refroidi, car en fin de parcours. À mesure qu'il progresse, l'air extérieur traverse des zones de plus en plus chaudes. Juste avant sa sortie, il achève de se réchauffer au contact thermique de l'air intérieur à 20 °C tout juste entré dans l'échangeur. Pour que la chaleur s'écoule, une différence de température suffisante (environ 1 °C) est maintenue tout au long du parcours, de sorte que l'air sort à 19 °C.

Illustrons les avantages d'un échangeur par le cas d'un appartement de 100 mètres carrés. Si l'on remplace toutes les heures, les 250 mètres cubes d'air à 20 °C par de l'air frais à 0 °C que l'on réchauffe

ensuite, une puissance de chauffage de 1,7 kilowatt est nécessaire. En revanche, moins de 90 watts suffisent (la consommation d'une ampoule électrique) avec un échangeur de chaleur capable de réchauffer l'air entrant grâce à l'air expulsé.

Un échangeur dans les pattes

Les échangeurs à contre-courant sont très utilisés dans l'industrie, par exemple dans les centrales nucléaires où l'on veut récupérer l'énergie calorifique de l'eau du circuit primaire qui passe dans le cœur du réacteur et qui est radioactive. Il en existe aussi dans la nature, par exemple dans les systèmes vasculaires des phoques, des dauphins et des oiseaux des contrées froides. Que la nature ait sélectionné ce système à contre-courant illustre son efficacité : chez les oiseaux arctiques par exemple, les artères qui conduisent le sang vers les pattes sont en contact intime avec les veines qui en reviennent. Cela évite que du sang veineux glacé ne remonte dans le corps.

Chez les mammifères aquatiques et chez l'homme, les artères des membres n'affleurent en surface qu'aux articulations, seuls endroits où l'on peut « prendre le pouls » ; ces artères sont entourées des veines profondes à partir desquelles le sang retourne vers le cœur quand il fait froid (quand il fait chaud, le sang passe par des veines superficielles). Quand le sang qui circule dans nos mains se refroidit à 20 °C, lorsqu'il revient par les veines, il est progressivement réchauffé par le contact avec les artères jusqu'aux 37 °C habituels.

1. Les pattes d'oiseau et les nageoires des phoques contiennent des réseaux vasculaires structurés en échangeurs à contre-courant. La chaleur du sang artériel réchauffe le sang veineux revenant vers le cœur, ce qui évite un trop grand refroidissement de l'organisme.

L'exploit de la pompe à chaleur

La pompe à chaleur accomplit un exploit : elle extrait la chaleur non pas d'une source plus chaude, mais d'une source plus froide. Ce dispositif, fonctionne selon le même principe que le réfrigérateur. Dans la zone où l'on veut prélever la chaleur (l'atmosphère par exemple), on force un liquide à s'évaporer en le pompant à basse pression. Pour ce faire, il absorbe une quantité

importante de chaleur : la chaleur latente de vaporisation. Celle-ci est prélevée par l'intermédiaire d'un échangeur dans le milieu froid (qui se refroidit encore), l'air extérieur par exemple. Aspiré par le compresseur, le gaz est injecté dans la partie du circuit sous pression. Cette compression le liquéfie dans un second échangeur, où cette liquéfaction libère la chaleur latente précédemment absorbée. Le liquide ainsi formé est admis par un détendeur dans la zone de basse pression et le cycle recommence.

Ainsi le transfert de chaleur s'effectue cette fois du froid vers le chaud. À quel coût ? La seule dépense énergétique est l'énergie d'alimentation du compresseur. Le second principe de la thermodynamique impose l'énergie minimale à fournir : le rapport entre la chaleur reçue par la maison et l'énergie fournie (électriquc) est inférieur au quotient de la température absolue (donc mesurée en kelvins) de la source chaude (maison) par la différence des températures entre les sources chaude et froide.

Pour une source chaude à 20 °C et une source froide à 0 °C, le rendement énergétique est donc au mieux égal à 293 kelvins (20 °C) que divisent 20, soit presque 15 joules d'énergie thermique reçue pour chaque joule d'énergie électrique fournie. En pratique, les imperfections des dispositifs ne permettent pas d'atteindre le rendement énergétique maximal : la chaleur apportée par une pompe à chaleur

2. Dans une pompe à chaleur, la détente d'un fluide « pompe » la chaleur d'un milieu froid (ici l'atmosphère hivernale) qui est ensuite transportée vers le milieu à chauffer (ici le vivarium). D'abord liquide, un fluide s'évapore dans un échangeur situé dans la zone froide *(à gauche)* en absorbant de la chaleur. Aspirée par un compresseur, la vapeur est introduite dans un second échangeur situé dans la zone chaude, où elle se liquéfie en restituant la chaleur absorbée. Le liquide produit retourne dans la zone froide par l'intermédiaire d'un détendeur.

est seulement quatre fois plus grande que l'énergie consommée. À titre de comparaison cependant, rappelons qu'un joule dissipé par la résistance d'un chauffage électrique n'apporte qu'un unique joule de chauffage…

Puisque l'efficacité d'une pompe à chaleur est d'autant plus grande que la différence de température entre source froide et chaude est minime, il semble préférable de prélever la chaleur dans le sol plutôt que dans l'atmosphère. À quelques mètres de profondeur en effet, la température du sol varie entre 10 °C et 16 °C, valeurs proches des quelque 20 °C souhaités dans une maison. Les échanges entre la pompe à chaleur et le sol se font par l'intermédiaire d'un réseau souterrain de conduits qui transportent un fluide caloporteur, un mélange eau/glycol par exemple. Puisque la pompe à chaleur est une sorte de réfrigérateur qui refroidit l'extérieur, on peut aussi construire des pompes fonctionnant dans les deux sens, donc capables de refroidir l'intérieur. Durant l'été, une telle pompe extrait alors de l'énergie calorifique de la maison pour la céder au sous-sol, et l'échauffe de quelques degrés (environ 5 °C). Cette chaleur diffuse si lentement autour de la tuyauterie qu'elle reste à proximité pendant des mois. Pourvu que l'on prenne la précaution d'espacer assez les tuyaux enterrés pour ne pas perturber l'équilibre thermique du sous-sol, on stocke ainsi la chaleur de l'été pour la réutiliser en hiver.

G. Courty

L'eau et le feu

L'eau est réputée efficace pour éteindre le feu. En milieu confiné, elle peut cependant entraîner un effet inverse et catastrophique.

Le mégot mal éteint met le feu à la corbeille, puis aux rideaux qui enflamment ensuite la bibliothèque. On risque même l'embrasement généralisé, nommé *flashover*, où l'ensemble de la pièce – les meubles, les parois et les fumées – brûle. Peut-on éviter cette catastrophe tant redoutée des pompiers ? Oui, à condition d'utiliser judicieusement l'eau comme agent refroidissant.

Comment éteindre le feu de bois que vous avez allumé – bien imprudemment – dans un foyer improvisé pour un barbecue convivial ? Vous pouvez attendre que le feu s'éteigne de lui-même faute de combustible, le recouvrir de sable afin de l'étouffer ou encore le refroidir en l'aspergeant d'eau. Si ces trois méthodes sont efficaces, c'est qu'un feu résulte de la réaction chimique entre un corps combustible et un corps comburant, réaction auto-entretenue par le dégagement de chaleur. Qu'un seul élément du triangle combustible-comburant-chaleur manque et la combustion cesse. Lorsque le feu s'étend et qu'il n'est plus possible d'éliminer les combustibles ou d'étouffer le feu, c'est à la chaleur que les pompiers s'attaquent, en arrosant avec de l'eau.

Pourquoi est-ce si efficace de refroidir pour éteindre un feu ? Parce que la chaleur entretient le feu de deux façons : d'une part, elle permet aux réactions chimiques de la combustion de se produire ; d'autre part, elle libère les substances combustibles. Expliquons-nous.

Pyrolyse, puis combustion

Une réaction chimique n'a lieu que si l'énergie cinétique des molécules est supérieure à un certain seuil, et la réaction est d'autant plus probable que ce seuil est dépassé. L'énergie cinétique moyenne des molécules étant proportionnelle à la température, cela signifie qu'une réaction de combustion ne se produit que si la température est suffisante. Le papier, inerte à température ambiante, s'enflamme spontanément lorsque sa température dépasse 451 degrés Fahrenheit (ou 233 °C), valeur qui a inspiré Ray Bradbury et, à sa suite, François Truffaut. Une réaction de combustion dégage plus d'énergie qu'elle

n'en consomme. Le surplus d'énergie se retrouve sous forme de chaleur et active de nouvelles réactions.

Quelle est l'action de la chaleur sur les matériaux combustibles ? Prenons une bûche (au sens propre) dans un foyer. Celui-ci chauffe la bûche, dont la température ne dépasse pas 100 °C tant que l'eau qu'elle contient n'est pas complètement évaporée. Le bois asséché, sa température augmente et les molécules de cellulose se décomposent, libérant des gaz combustibles tels l'hydrogène et le monoxyde de carbone.

Ce processus, nommé pyrolyse, coûte de l'énergie, mais ce coût est largement compensé par la chaleur créée par la flamme – due à l'inflammation des gaz combustibles avec l'oxygène atmosphérique. Une telle combustion dégage beaucoup d'énergie, de l'ordre de 20 mégajoules par kilogramme de bois. Les feux de forêt les plus intenses produisent ainsi une dizaine de mégawatts par mètre de front d'incendie, et une armoire en pin peut, en brûlant, dégager deux mégawatts.

Pour éteindre de tels feux, il faut les refroidir plus vite qu'ils ne chauffent. Comment ? Avec de l'eau, dont l'efficacité en la matière est reconnue depuis l'Antiquité. Ce liquide a la plus grande capacité calorifique de toutes les substances naturelles et la plus grande chaleur latente de vaporisation de tous les liquides. Pour chauffer

1. Pour éteindre un feu, trois moyens sont bons : écarter tout nouveau combustible susceptible de s'enflammer, asperger d'eau le feu afin de le refroidir, le recouvrir de sable pour l'étouffer. Il s'agit de couper l'approvisionnement en combustible, en chaleur ou en comburant (oxygène).

un kilogramme d'eau de 15 °C à 100 °C, il faut 355 kilojoules ; pour le vaporiser, on doit y ajouter 2 245 mégajoules. Ainsi, la capacité de refroidissement théorique de l'eau est d'environ 2,6 mégawatts pour un débit de un litre par seconde.

En pratique, un jet continu d'eau directement appliqué sur le feu n'absorbe qu'un tiers de cette puissance : une fraction seulement du jet est vaporisée, et une grande partie reste liquide. Pour contrecarrer la combustion de notre armoire en pin, il faudrait alors environ 200 litres d'eau par minute. C'est à la portée des engins des pompiers qui ont jusqu'à 3 000 litres d'eau et dont les pompes débitent 1 000 litres par minute.

En ville, on éteint la plupart des incendies avec moins de 400 litres d'eau. En revanche, des incendies de plus grande ampleur, tels les feux de forêt, sont difficilement maîtrisables avec des camions à incendie : il en faudrait une trentaine en même temps pour s'attaquer à un feu de un gigawatt ! On préfère les canadairs, avions qui déversent leurs 5 800 litres en quelques secondes – soit des puissances refroidissantes supérieures au gigawatt.

Ainsi, disposer d'assez d'eau est essentiel. Mais dans les feux d'intérieur, ce n'est parfois pas suffisant. Dans un local confiné, le feu peut changer brutalement de nature en se développant, car les fumées et la chaleur ne s'évacuent pas facilement. Lorsque le feu se propage dans la pièce, la température augmente et les objets incandescents commu-

2. Des molécules de combustible et de comburant qui entrent en collision avec trop peu d'énergie cinétique rebondissent inchangées. Quand l'énergie de la collision est suffisante, une réaction chimique de combustion transforme les molécules et libère des produits de combustion.

niquent, par rayonnement infrarouge, de l'énergie à tous les éléments de la pièce. Par pyrolyse, des fumées ou des gaz combustibles très chauds se dégagent et s'accumulent au plafond, où la température peut atteindre 300 °C.

La situation devient instable. Que ces gaz s'enflamment par apport d'oxygène ou tout autre raison, et la température sous le plafond augmente et atteint 500 °C, assez pour provoquer l'inflammation spontanée de beaucoup de matériau. En une fraction de seconde, c'est l'embrasement généralisé, le redouté *flashover* : les flammes envahissent la pièce entière et portent la température à quelque 1 000 °C.

3. Pour éviter l'embrasement généralisé d'un local confiné en proie aux flammes, on doit projeter des quantités modérées d'eau en gouttelettes, de façon à ce qu'elles s'évaporent rapidement et refroidissent les gaz non brûlés accumulés au plafond.

Pas trop d'eau pour éviter l'embrasement

Comment éviter ce type de catastrophe ? De l'eau utilisée en abondance produira trop de vapeur brûlante qui expulsera hors de la pièce les fumées et les gaz combustibles. En rencontrant l'air frais, ces derniers s'embraseront immédiatement. La meilleure technique pour éviter le *flashover* est de refroidir les gaz avec de petites quantités d'eau projetées par à-coups en un jet diffus. La vaporisation des gouttelettes, avant même leur arrivée sur les murs ou au sol, abaissera la température des gaz de la zone traitée.

La création de vapeur est largement compensée par la contraction des gaz refroidis, qui provoque une aspiration des gaz chauds environnants et met l'ensemble du local en dépression. On évite ainsi que les gaz chauds aillent s'enflammer à l'extérieur, et la visibilité n'en est que meilleure. Mais l'exercice est délicat : une contraction trop rapide des gaz chauds peut apporter assez d'air extérieur, donc d'oxygène, pour activer le feu et provoquer le *flashover* que l'on souhaitait éviter. C'est pourquoi ces nouvelles techniques d'attaque de feu sont réservées aux professionnels à la pointe de l'équipement et de l'entraînement.

jpatokal@iki.fi

Le Bédouin était en noir

Les vêtements blancs seraient moins chauds au soleil, puisqu'ils réfléchissent bien la lumière. Pourtant, les Bédouins s'habillent aussi en noir. Pourquoi ? À cause de la convection !

Comment se vêtir pour se protéger du Soleil ? « En blanc ! », pensons-nous, car nous savons que cette couleur absorbe peu le rayonnement solaire. Pourtant, les nomades du désert portent aussi des vêtements noirs. Un vêtement sombre peut-il être aussi confortable sous le Soleil qu'un vêtement clair ? L'examen des divers échanges d'énergies qui entrent en jeu éclaire cette intéressante question.

De la couleur d'une surface dépend la quantité de lumière que celle-ci nous renvoie et, par complémentarité, la quantité de lumière qu'elle absorbe. Plus elle est sombre, plus elle absorbe de lumière, et par là d'énergie lumineuse, qui se transforme en chaleur. Lorsqu'il est haut dans le ciel, le Soleil apporte au voisinage du sol près de 1 000 watts par mètre carré. Un objet de couleur noire absorbera jusqu'à 90 pour cent de cette énergie. On profite d'ailleurs de cette source d'énergie avec les « panneaux solaires », des panneaux noircis où l'on fait circuler de l'eau pour la chauffer à peu de frais. À l'inverse, si l'on souhaite réduire l'échauffement solaire, on utilise la couleur blanche, car elle renvoie presque toute la lumière incidente. C'est pourquoi les murs des habitations des pays ensoleillés sont peints en blanc.

Cette analyse est toutefois loin d'être complète ! Pour établir le véritable bilan énergétique d'un vêtement, il faut aussi prendre en compte la façon dont il perd de l'énergie par rayonnement. Tout corps rayonne d'autant plus qu'il est chaud. Un vêtement à la température du Soleil estival (40 °C) émet par exemple dans l'infrarouge lointain (vers neuf micromètres de longueur d'onde). Or, les bons absorbeurs sont aussi de bons émetteurs. Le noir, qui absorbe beaucoup, émet aussi beaucoup : environ 500 watts par mètre carré pour une surface à température ambiante. Réciproquement, le blanc, qui absorbe moins, émet aussi beaucoup moins que le noir. C'est l'une des raisons pour lesquelles l'ours arctique est blanc : il a plus intérêt à garder sa chaleur interne en rayonnant peu qu'à absorber le peu de lumière solaire qui lui parvient...

Bilan énergétique

Dans le détail, les propriétés d'un corps vis-à-vis de la lumière visible et du rayonnement infrarouge dépendent non seulement de sa couleur, mais aussi du matériau qui le constitue. Comparons les étoffes noires et blanches utilisées par les Bédouins. L'énergie absorbée par la robe noire d'une personne faisant face au Soleil du désert est de 840 watts par mètre carré, tandis que ses pertes par rayonnement infrarouge sont de 540 watts par mètre carré. Le gain net de 300 watts par mètre carré est le tiers de la puissance absorbée. Une robe blanche absorbe 650 watts par mètre carré : cette valeur élevée est due à ce que le tissu blanc absorbe autant que le tissu noir le rayonnement infrarouge, lequel représente à lui seul la moitié de l'énergie lumineuse solaire qui parvient au sol. De plus, un tissu blanc émet dans l'infrarouge à peu près autant qu'un tissu noir : 530 watts par mètre carré. Au final, chaque mètre carré de tissu blanc absorbe seulement 120 watts, soit presque trois fois moins que le tissu noir. Des chercheurs israéliens ont mesuré les températures de surface de deux robes de Bédouins alors qu'il faisait 38 °C au Soleil et constaté que celle du vêtement clair était de 41 °C alors que celle du vêtement sombre était de 47 °C.

1. La lumière solaire *(flèches orange)* est renvoyée par une surface claire alors qu'elle est absorbée par une surface sombre : un mur blanc s'échauffe moins qu'un panneau solaire noir. Par ailleurs, il rayonne moins de chaleur *(flèches rouges)* que la surface du panneau noir.

Ainsi, un vêtement noir semble dangereux, puisqu'une augmentation de la température du corps de plus de 4 °C est fatale. Pour comprendre pourquoi les nomades du désert s'habillent quand même en noir, intéressons-nous à leurs tentes, qui sont aussi noires que confortables. Leur confort découle de deux effets physiques : l'ombre produite par la toile et la ventilation de la tente. Puisqu'elle absorbe mieux le rayonnement solaire, une toile noire produit un bien meilleur ombrage qu'une toile blanche de même épaisseur. Davantage chauffée par le Soleil, elle risque toutefois de transmettre sa chaleur à l'air qu'elle emprisonne. Pour éviter que cela n'arrive, les Bédouins ouvrent largement leurs tentes. L'air en contact avec le tissu noir s'échauffe, se dilate, et, devenant moins dense que l'air ambiant, s'élève avant de quitter l'abri par le haut. Il aspire de l'air extérieur moins chaud dans la tente, emportant avec lui la chaleur que lui a transmise la toile. La surface chaude de la tente amorce ainsi un mouvement de convection qui renouvelle constamment l'air de la tente, même en l'absence de brise. Le moteur du « ventilateur bédouin » est bien la toile noire de la tente.

2. Le « ventilateur bédouin » rafraîchit une tente par la convection : chauffée par le Soleil, la toile sombre de la tente chauffe à son tour l'air supérieur *(flèches rouges)* qui s'échappe par le haut aspirant ainsi par le bas de l'air à température ambiante *(flèches bleues)*.

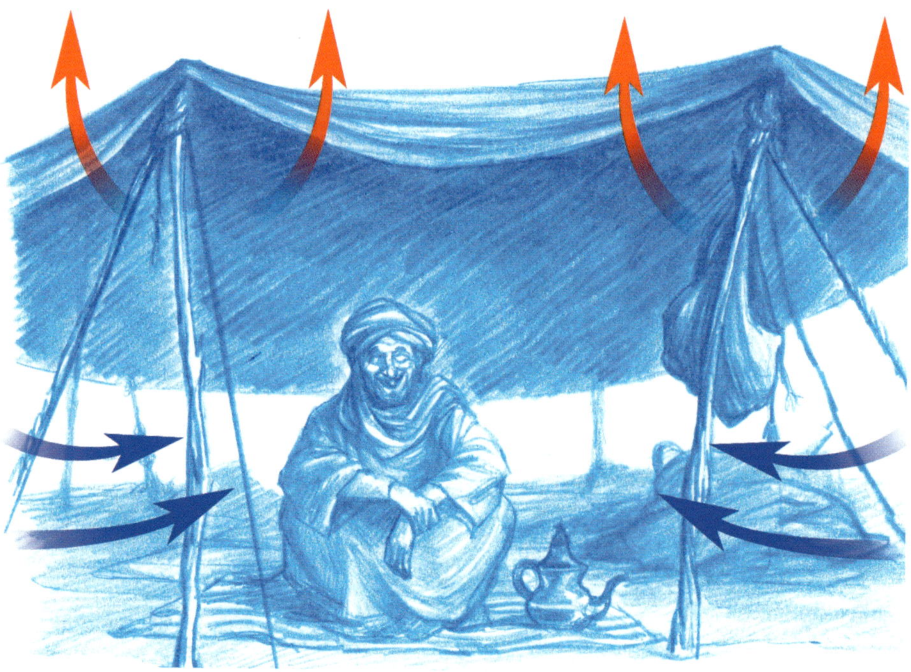

La double robe des Bédouins

Est-ce grâce à la ventilation que les Bédouins ne souffrent pas de la chaleur qui s'accumule sur leurs vêtements noirs ? Oui, mais avant de l'expliquer, examinons ce qu'est un habit confortable au Soleil : comme une tente qui reste toujours à la température ambiante, un tel vêtement aide le corps à maintenir sa température à 37 °C, quelle que soit la température extérieure. Pour cela, il protège le corps de la chaleur extérieure et

évacue aussi celle qui est produite en permanence par le métabolisme (même au repos un homme dissipe au moins 100 watts). Cette régulation s'effectue par la transpiration. Pour s'évaporer, la sueur absorbe de la chaleur qu'elle prélève sur la peau. Tout échauffement supplémentaire doit être compensé par une transpiration plus importante. Sous les tropiques, il arrive de perdre plus d'un demi-litre d'eau par heure aux moments les plus chauds. Un vêtement confortable facilite l'évaporation rafraîchissante.

Nous comprenons maintenant le choix des vêtements sombres et des vêtements clairs. Les vêtements qui se portent près du corps, tels une chemise et un pantalon, sont au contact de la peau. Pour éviter que le tissu ne devienne trop chaud, il est préférable qu'ils soient clairs. Les Bédouins en revanche portent des vêtements flottants, de grandes robes les couvrant de la tête aux pieds pour les protéger du Soleil, du vent et du sable. Les hommes enfilent d'abord à même la peau une grande chemise de coton. Cette dernière est ensuite elle-même couverte par un ample vêtement. Le tissu extérieur n'est donc pas au contact de la peau. En outre, l'air circule facilement entre les deux vêtements. L'air chauffé par le tissu extérieur s'élève à l'intérieur et aspire par-dessous la robe de l'air ambiant plus froid. Dans ce mouvement de convection, tout se passe comme si les deux robes jouaient le rôle de soufflets, rejetant l'air chaud à travers le tissu et par l'encolure. En réalité, la température de l'air circulant sous le vêtement, ainsi que la température de la peau ne dépendent pas de la couleur du vêtement extérieur : si la surface de la robe sombre absorbe plus d'énergie que la robe claire, l'échauffement de la surface noire renforce suffisamment les effets bénéfiques de la convection pour compenser cet excès d'énergie.

3. La double robe du Bédouin lui assure le confort au Soleil, qu'elle soit de couleur claire ou sombre. Plus élevée sur la robe noire, la température de surface favorise la convection de l'air, qui évacue en permanence la chaleur que le Soleil dépose sur la robe ou que le corps produit.

Même sous le Soleil, les lois de la physique nous autorisent le choix, selon notre goût, de la couleur de notre vêtement.

D. Cordier, 2005

Lumineuses poussées

Immatérielle, la lumière ? Les faisceaux lumineux exercent pourtant des forces bien tangibles, et demain, peut-être, ils feront voler des avions ou mettront en orbite des satellites.

Au printemps 2005, le satellite *Cosmos 1* devait être placé en orbite autour de la Terre puis, tel un voilier, se déplacer et changer d'orbite sous le seul effet du rayonnement solaire frappant ses ailes. Hélas, il a été perdu lors du lancement. En octobre 2000, la Société américaine *Lightcraft Technologies* a fait voler, à l'aide de puissantes impulsions laser, un engin miniature de 50 grammes à 71 mètres d'altitude. Comment la lumière propulse-t-elle ces engins ? Est-ce la clef du mystère du radiomètre, ce petit moulin placé dans une ampoule de verre qui se met à tourner dès qu'il est éclairé ?

Pour chasser les cailloux d'une surface, les ouvriers du bâtiment dirigent vers eux un puissant jet d'eau. Chaque molécule d'eau qui percute le caillou lui cède de la quantité de mouvement, et toutes ces petites impulsions s'additionnent pour créer une force quasi continue poussant le gravier. Si l'on remplace le jet d'eau par un faisceau lumineux, le phénomène est analogue. La lumière est composée de grains d'énergie, les photons : lorsqu'ils sont absorbés ou réfléchis par une surface, ils lui transfèrent de la quantité de mouvement et exercent ainsi une pression, dite de radiation.

Le choc des photons

Cette pression lumineuse est très faible. La quantité de mouvement d'un photon étant égale à son énergie divisée par la vitesse de la lumière, un flux de photons exerce sur une surface absorbante (noircie) une force égale à la puissance absorbée divisée par la vitesse de la lumière. Un faisceau lumineux de un watt exerce ainsi une force de trois milliardièmes de newton – soit, pour une surface de un millimètre carré, une pression de quelques millièmes de pascals.

Quoiqu'infime, la pression de radiation est efficace quand elle pousse des objets de masse faible ou quand elle agit longtemps. Les physiciens ralentissent ainsi des jets d'atomes dans les expériences où ils créent des nuages atomiques ultrafroids. Un atome de césium a une masse d'environ 3×10^{-25} kilogramme ; percuté chaque seconde par 20 millions de photons de longueur d'onde 850 nanomètres allant

à sa rencontre, l'atome subit une accélération égale à 5 000 fois celle de la pesanteur : s'il se déplace à 300 mètres par seconde, l'atome est immobilisé en six millisecondes au bout de un mètre.

L'action prolongée de la pression de radiation peut se manifester dans l'espace, où aucun frottement ne s'oppose au mouvement. Tel est le principe des voiles solaires *(voir la figure 1)*. Au niveau de la Terre, la puissance solaire reçue par une surface orthogonale au flux lumineux est de 1,4 kilowatt par mètre carré, ce qui correspond à une force de 4 millionièmes de newton. Avec un matériau réfléchissant, on double la valeur de cette force : les photons, réfléchis par le miroir, repartent avec une vitesse opposée à leur vitesse initiale, transférant ainsi deux fois leur quantité de mouvement à la voile.

Le satellite *Cosmos 1*, de masse 100 kilogrammes, devait déployer une surface alaire de 600 mètres carrés – des voiles fabriquées à base de Mylar, un matériau très léger. En l'absence de gravité, son accélération sera d'environ 50 micromètres par seconde carrée : au bout d'une journée, la vitesse communiquée par la lumière sera de quatre mètres par , c'est-à-dire 14 kilomètres par heure.

La pression de radiation explique-t-elle le fonctionnement du radiomètre, ampoule de verre où règne un vide partiel et qui contient quatre ailettes en mica montées sur un axe ? Chaque ailette a une face naturelle réfléchissante et une face noircie absorbante. Comme on l'a vu, la force

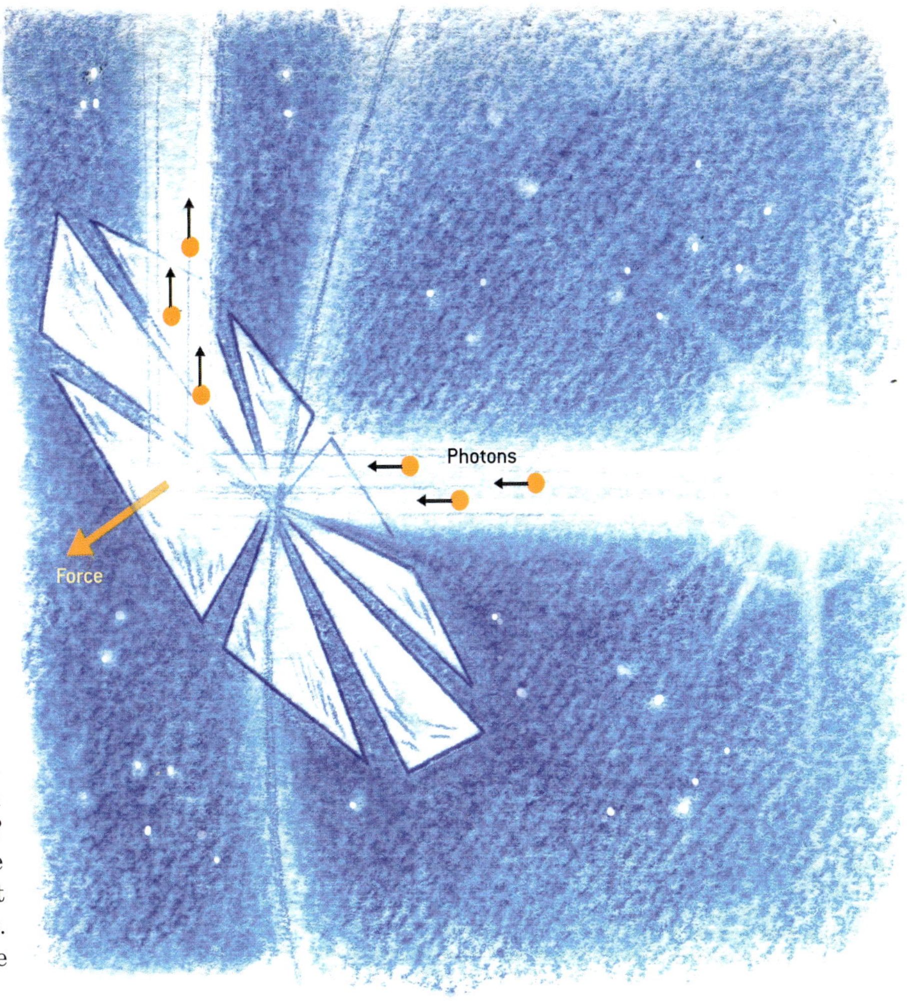

1. Chaque photon transporte une quantité de mouvement égale à son énergie divisée par la vitesse de la lumière. La lumière peut donc pousser la matière. Les « voiles » réfléchissantes du satellite expérimental *Cosmos 1* utiliseront ainsi les photons émis par le Soleil pour faire évoluer l'orbite du satellite, en accélérant ce dernier sur sa trajectoire.

exercée par les photons sur la face brillante est le double de celle qui agit sur la face noire. On s'attendrait donc à ce que le radiomètre tourne dans le sens de la poussée sur les faces réfléchissantes.

2. Les ailettes du radiomètre tournent grâce à l'action de la lumière. Dans un vide parfait, la face réfléchissante de chaque ailette subirait une poussée double de celle de la face noire. En pratique, le vide est partiel et les ailettes tournent dans le sens inverse à celui attendu : les molécules de l'air, plus rapides à proximité de la face noire (où l'air est plus chaud), percutent de biais le bord de l'ailette plus violemment que les molécules proches de la face réfléchissante, d'où une force nette *èche jaune).*

Le radiomètre trompe son monde

Or on observe le contraire : c'est la face sombre qui pousse le plus ! Que se passe-t-il ? Nous avons oublié que l'énergie transportée par la lumière peut se transformer en chaleur. Dans le radiomètre, seule la face noircie absorbe l'énergie lumineuse et s'échauffe peu à peu. Cette face, plus chaude que le gaz ambiant, céderait-elle son énergie aux molécules d'air qui la frappent, leur donnant plus de vitesse et subissant ainsi une force de réaction plus importante que la face brillante ?

Cette explication serait valable en cas de pression très faible. Mais dans les radiomètres usuels, les multiples collisions entre molécules ont pour effet d'égaliser les pressions de part et d'autre de l'ailette. Comme l'a compris James Clerk Maxwell en 1879 en reprenant une idée d'Osborne Reynolds, la clef de l'énigme – subtile et complexe dans ses détails – se trouve sur les bords des ailettes et non sur leurs faces : sur des distances de l'ordre de l'épaisseur de l'ailette, les molécules ne subissent pas de collisions mutuel-

3. L'engin volant expérimenté par *Lightcraft Technologies* est propulsé par un faisceau laser – d'une puissance de dix kilowatts – arrivant par en dessous. Grâce à la forme particulière de l'objet, les rayons lumineux sont focalisés sur la face interne de sa couronne, où ils chauffent l'air ambiant à plus de 10 000 °C. La puissante dilatation de l'air ainsi ionisé *(figuré ici par une lueur blanche)* crée sur l'engin une poussée dirigée vers le haut *(flèche jaune)*.

les. Étant plus rapides, les molécules de l'air du côté chaud percutent obliquement les bords de l'ailette avec plus de violence que les molécules du côté froid ; la force nette est donc dirigée de la face sombre vers la face brillante *(voir la figure 2)*.

Le détour par le radiomètre montre que l'absorption de lumière permet d'élever la température et de faire circuler l'air. Le projet expérimental de *Lightcraft Technologies* est bâti sur cette idée : une source lumineuse chauffe à distance le gaz dans la chaudière d'un engin, gaz dont l'éjection propulse l'engin. Une maquette de 50 grammes, soumise à un faisceau laser de 10 kilowatts, s'est ainsi élevée dans le désert du Nouveau-Mexique à 71 mètres de hauteur. La lumière du laser, focalisée le long d'une couronne grâce à la forme paraboloïde de la face inférieure de l'engin *(voir la figure 3)*, a porté l'air ambiant à plus de 10 000 °C, soit bien plus que la température de surface du Soleil. À une telle température, les molécules de l'air sont totalement ionisées et la brutale dilatation du plasma ainsi formé pousse l'engin. Reste que, pour satelliser une masse de un kilogramme, il faudra un laser d'au moins un mégawatt...

La seiche polarisante

Beaucoup d'animaux perçoivent la polarisation des ondes lumineuses. Certains céphalopodes sont même capables de contrôler la polarisation de la lumière réfléchie par leur peau. Pour communiquer secrètement ?

La seiche *Sepia officinalis* ne distingue pas les couleurs et son corps est de teinte uniforme. Ce mollusque n'utilise donc pas la couleur pour communiquer comme le font d'autres animaux. Et pourtant, il modifie à volonté son apparence aux yeux de ses congénères, sans que nous autres humains nous en apercevions ! Cette seiche n'exploite pas une lumière invisible... mais une propriété de la lumière visible qui nous est imperceptible *(voir la figure 1)*.

Pour l'homme, la lumière a une intensité et une couleur. Ces perceptions traduisent deux grandeurs physiques : l'amplitude et la fréquence des oscillations de l'onde lumineuse. Mais ces grandeurs ne font pas toute la lumière. Une onde lumineuse est la combinaison d'un champ électrique et d'un champ magnétique qui oscillent de concert tout en se propageant. Ce que les seiches perçoivent, et pas nous, c'est la direction selon laquelle oscille le champ électrique, c'est-à-dire la polarisation lumineuse.

Les ébranlements d'une corde tendue, dont on secoue d'une main une extrémité, sont l'analogue mécanique d'une onde lumineuse. Les mouvements imposés par la main se propagent le long de la corde. Chaque petit morceau de corde oscille dans un plan perpendiculaire à la longueur de la corde et reproduit avec retard le mouvement de la main. En bougeant notre main de haut en bas, la corde se déforme selon la verticale ; si nous l'agitons de droite à gauche, la corde vibre horizontalement. Il est ainsi possible de transmettre un signal le long de la corde sans varier l'amplitude ni la vitesse des mouvements de la main, mais seulement en jouant sur la direction des ébranlements. De même, avec la lumière, nul besoin de modifier l'intensité ou la couleur pour communiquer : il suffirait de contrôler la direction d'oscillation du champ électrique de l'onde lumineuse.

En détectant la polarisation de la lumière du ciel, nous pouvons nous orienter par rapport au Soleil. Les abeilles et de nombreux autres animaux en sont capables, même quand le ciel est nuageux. Pourquoi ? Parce que la polarisation de la lumière diffusée par le ciel dépend de la direction d'observation.

L'émission d'une onde lumineuse est due aux mouvements accélérés des charges électriques de la matière, charges qui se comportent

comme autant de petites antennes. Le long du rayon lumineux, le champ électrique de l'onde est analogue aux déplacements d'une corde que l'on fait vibrer : il est perpendiculaire au rayon lumineux et sa direction suit celle du mouvement de la charge électrique émettrice.

S'orienter avec la polarisation

Qu'en est-il pour une onde lumineuse émise par le Soleil ? Dans cet astre, le mouvement des charges électriques, dû à l'agitation thermique, est désordonné. Aussi, l'onde lumineuse émise par le Soleil n'est pas polarisée : la direction du champ électrique, toujours perpendiculaire au rayon lumineux, varie aléatoirement au cours du temps.

En arrivant sur une molécule de l'atmosphère, cette onde solaire fait vibrer les charges électriques de la molécule dans la direction du champ. Ces vibrations engendrent à leur tour une onde électromagnétique qui diffuse dans tout l'espace. Comme le champ électrique de l'onde diffusée oscille selon la direction de vibration des charges,

1. Plusieurs céphalopodes, telle la seiche, arborent des motifs qui ne sont visibles qu'à l'aide de filtres polarisants. Ces motifs, que l'animal peut modifier, constitueraient un mode de communication caché. Les zones constituant les motifs renvoient de la lumière polarisée, que le filtre de la lunette arrête s'il est convenablement orienté ; les autres zones du corps renvoient de la lumière non polarisée, qui passe (en partie) à travers le filtre.

les ondes émises par ces charges (lumière dite diffusée) dans le plan perpendiculaire au rayon du Soleil sont polarisées *(voir la figure 2)*.

Bref, la lumière diffusée perpendiculairement au rayon solaire est polarisée dans le plan orthogonal à ce rayon. Pour une onde diffusée dans une autre direction, le degré de polarisation n'est que partiel et s'annule à mesure que la direction de l'onde diffusée s'approche de celle du rayon solaire. En détectant la polarisation de la lumière diffusée par les différents points du ciel, on peut ainsi se repérer par rapport au Soleil.

Polariser en réfléchissant

La diffusion polarise la lumière, la réflexion aussi. Les mécanismes sous-jacents sont les mêmes. Réémise par les molécules, la lumière réfléchie par de nombreuses surfaces est partiellement polarisée : la direction de vibration du champ électrique sera préférentiellement parallèle à la surface *(voir la figure 3)*. Pour une étendue d'eau, la polarisation sera horizontale, tandis qu'elle sera verticale pour une fenêtre ou une vitrine de magasin. C'est grâce à cette propriété que les seiches polarisent la lumière qu'elles renvoient, modifiant ainsi leur aspect : certaines cellules de leur peau contiennent de petites plaques qui polarisent la

2. Quand la lumière non polarisée du Soleil atteint une molécule de l'air, les charges de celles-ci vibrent perpendiculairement au rayon. Dans ce plan perpendiculaire *(en blanc)*, les ondes émises sont polarisées selon la tranche du plan *(a)*. Pour les ondes émises dans les autres directions, le degré de polarisation est moindre *(b)*, voire nul *(c)*. La polarisation permet ainsi de repérer des directions par rapport à celle du Soleil.

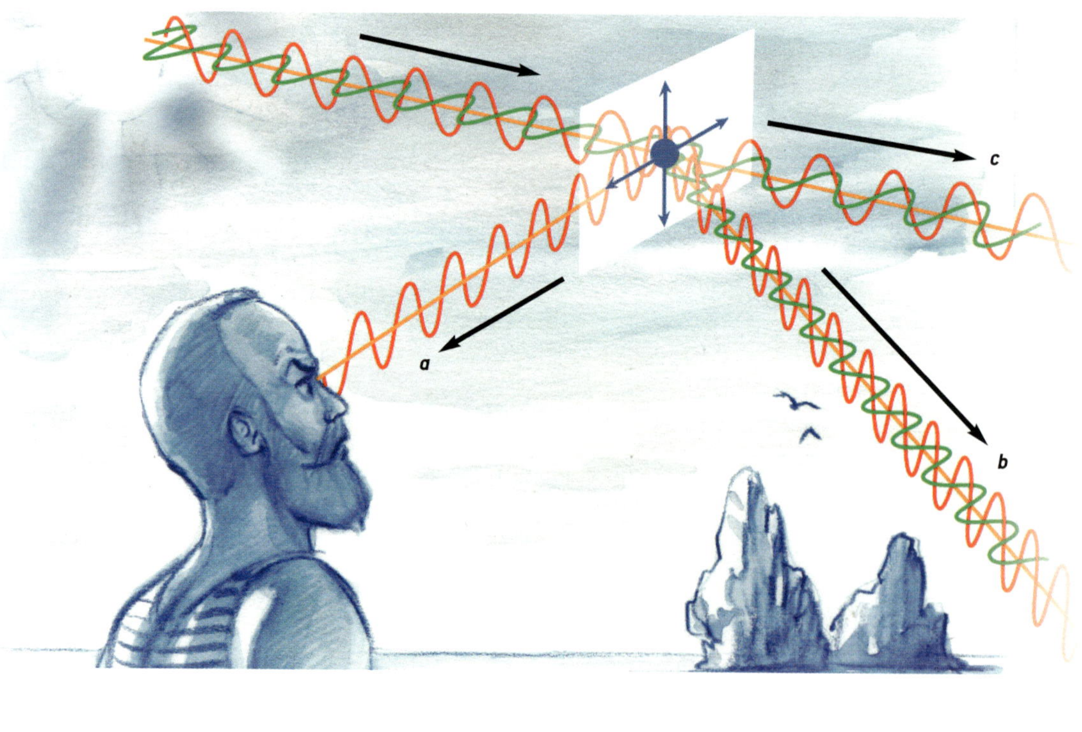

lumière par réflexion. Sous contrôle nerveux, ces cellules passent en une seconde d'un état où les plaquettes sont orientées dans des directions quelconques, et où elles renvoient donc une lumière non polarisée, à un état ordonné qui polarise la lumière.

Pourquoi l'œil de la seiche est-il sensible à la polarisation, alors que les molécules responsables de sa vision sont semblables aux nôtres? Ces molécules sont linéaires. Contraintes de se déplacer selon l'axe de la molécule, les charges électriques ne peuvent être mises en mouvement que par un champ électrique parallèle à cet axe, c'est-à-dire par une lumière de polarisation parallèle à la molécule. Dans notre œil, les molécules ont des directions aléatoires. Chez la seiche, elles ont une orientation commune, d'où la sensibilité des cellules visuelles à la polarisation.

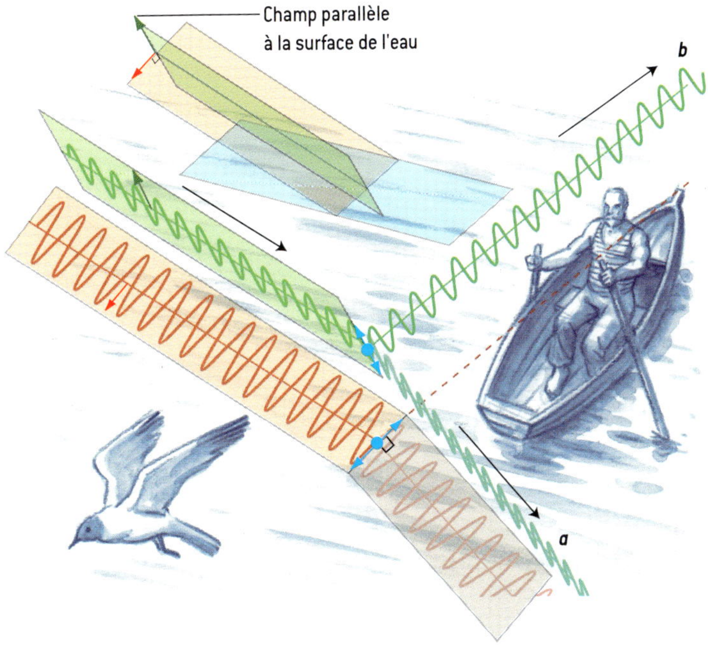

3. L'arrivée d'une onde polarisée parallèlement *(en vert)* à la surface de l'eau fait vibrer les charges des molécules d'eau *(flèches bleues)* dans la direction du champ électrique, ce qui engendre une onde réfractée *(a)* et une onde réfléchie *(b)*. Quand la polarisation de l'onde est dans un plan vertical *(en rouge)*, l'onde réfléchie est moins intense que dans le cas précédent; elle est même supprimée pour l'angle indiqué ici. En atténuant une direction de polarisation, la réflexion polarise ainsi la lumière naturelle.

Outre la possibilité de communiquer en secret, la sensibilité des seiches à la polarisation leur permet de mieux repérer des proies presque transparentes. En effet, la lumière transmise dans l'eau est aussi partiellement polarisée, alors que la lumière diffusée par une telle proie, bien que très faible, n'est pas polarisée. Cette différence augmente le contraste et rend la proie plus visible si le prédateur perçoit la polarisation.

Et nous, devons-nous renoncer à la voir? Non, grâce aux filtres polarisants synthétiques utilisés par exemple sous forme de lunettes. Composés de longues molécules orientées dans une même direction et qui se comportent comme des fils électriques parallèles, ces filtres ne laissent passer qu'une polarisation de la lumière et éliminent l'autre, qui lui est orthogonale. Si la lumière est polarisée parallèlement aux molécules, le champ électrique y induit un courant: le filtre se comporte comme un métal conducteur, qui réfléchit totalement la lumière. Mais si le champ électrique est perpendiculaire aux molécules, aucun courant n'apparaît et la lumière est transmise. Ne laissant passer que la lumière polarisée verticalement, les lunettes polarisantes éliminent la lumière polarisée horizontalement, et donc l'essentiel des reflets gênants. Ces lunettes permettent aux marins de ne pas être éblouis par les reflets du Soleil sur la surface de l'eau; et pour les automobilistes, les réflexions sur les capots des autres véhicules sont atténuées. ■

Poison-Yvi

À travers le miroir

Les métaux font de bons miroirs : ils contiennent une myriade de petites antennes, les électrons libres, qui réémettent le signal reçu.

Quand Narcisse vit son reflet dans la fontaine, il s'admira si longtemps, qu'il tomba dans l'eau et se noya. La réflexion lui avait coûté la vie... Pendant l'Antiquité, d'habiles artisans polirent avec soin des miroirs en argent ou en bronze massifs. Cette technique perdura jusqu'à ce qu'on apprenne enfin à déposer une couche métallique sur le verre, au XIVe siècle.

Les métaux, tous de bons conducteurs électriques, sont aussi de bons réflecteurs. Pourquoi? Parce qu'ils contiennent un grand nombre d'«électrons libres». Les électrons libres d'un morceau de métal plongé dans un champ électrique statique subissent une force, qui les met en mouvement. Si le métal fait partie d'un circuit électrique, un courant en résulte ; si le métal est isolé, les électrons libres sont confinés à l'intérieur de son volume et ceux qui parviennent en surface s'y accumulent et créent un champ électrique jusqu'à ce que, à l'intérieur du matériau, ce champ créé par les électrons compense le champ électrique statique.

Un phénomène analogue se produit quand un métal reçoit de la lumière. Cette onde électromagnétique est constituée d'un champ électrique et d'un champ magnétique qui se propagent et oscillent de concert. Le champ électrique de l'onde fait osciller les électrons libres qu'il rencontre à la surface. Or, l'accélération de toute charge électrique se traduit par l'émission d'une onde électromagnétique. Ainsi, les électrons libres superficiels se comportent comme de minuscules antennes qui reçoivent et réémettent la lumière. À l'intérieur du métal, l'onde électromagnétique réémise compense l'onde incidente, de sorte que, comme avec un champ statique, le champ électrique total s'annule : le métal n'est pas transparent. En émettant vers l'extérieur, les électrons libres superficiels réfléchissent l'onde incidente. Si la surface du métal est plane, le signal émis par l'ensemble des électrons oscillants est le symétrique, par rapport à l'interface, du signal incident, « son image » obtenue par interférence constructive des émissions électroniques individuelles.

Les meilleurs conducteurs ne font pas pour autant les miroirs les plus fidèles. Plus conducteur que l'argent, l'or réfléchit mal le bleu, d'où sa couleur jaune. Le phénomène est général : les conducteurs ne réfléchissent que les ondes de fréquences inférieures à une limite spécifique, liée à la façon dont les électrons peuvent osciller au sein du métal. À l'équilibre, les électrons libres sont répartis uniformément dans tout le volume métallique où leurs charges négatives compensent partout les charges positives des ions du cristal. Ainsi, les intenses forces électrostatiques qu'elles exercent les unes sur les autres se compensent.

Les vibrations des électrons

Si l'on déplace légèrement quelques électrons libres au sein du matériau, le déséquilibre local de charge induit des forces électriques qui « rappellent » les électrons vers la position d'équilibre. Les électrons, comme la masse d'un pendule, oscillent à une fréquence caractéristique du matériau, la fréquence de coupure nommée aussi « fréquence de plasma ». Tant que la fréquence lumineuse est inférieure à cette fréquence, le champ électrique de l'onde force les électrons libres à osciller. En revanche, ceux-ci ne réagissent plus quand la fréquence excède la fréquence de coupure et alors la propagation de l'onde se poursuit à travers le matériau, car elle n'est plus réfléchie par les vibrations des électrons libres : à ces fréquences élevées, le matériau est transparent.

Lord Rayleigh a montré, en 1906, que la fréquence de coupure est proportionnelle à la racine carrée de la densité des électrons libres. Dans

1. Une onde lumineuse *(en rouge)* fait vibrer les électrons libres de la surface de métal *(petites flèches orange)*. À faible fréquence, l'onde émise *(en vert)* par la combinaison des électrons compense exactement l'onde incidente dans le matériau, aucune lumière ne se propage dans le métal. À plus haute fréquence, les électrons ne peuvent plus suivre les variations du champ électromagnétique de l'onde lumineuse et une partie haute fréquence de la lumière traverse le métal. Les miroirs du commerce comportent une couche réfléchissante d'aluminium insérée entre une couche transparente de verre parfaitement plate et une couche opaque métallique.

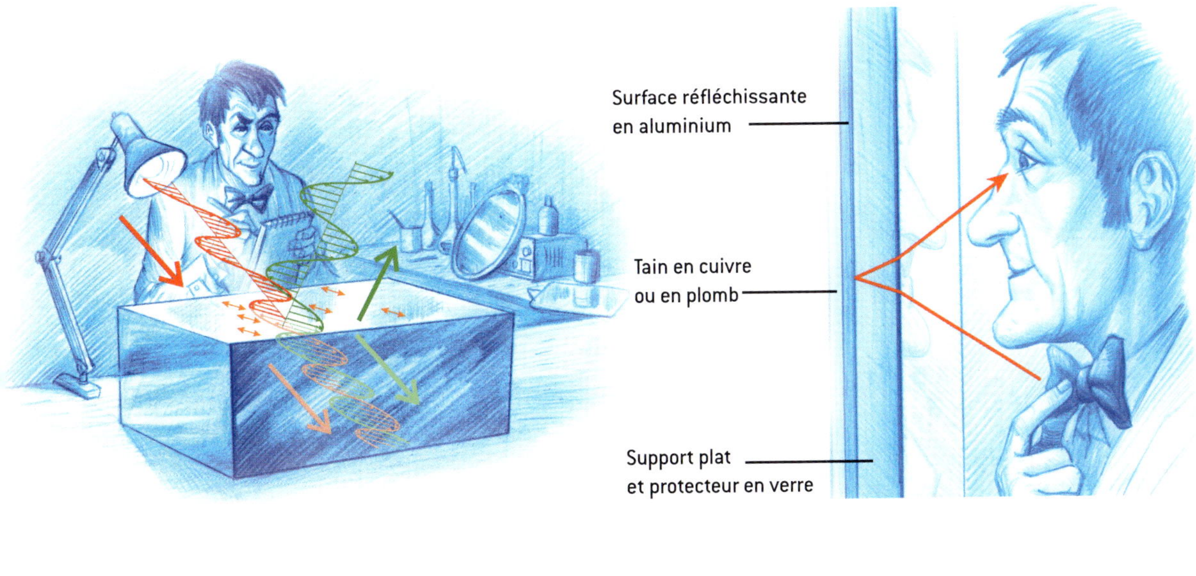

l'ionosphère située entre 60 et 300 kilomètres d'altitude, les molécules d'air sont ionisées, la densité électronique y varie de 100 millions à 1 million d'électrons par centimètre cube et la fréquence de coupure de 600 kilohertz à 60 mégahertz. La lumière visible, dont les fréquences sont beaucoup plus grandes, traverse facilement l'ionosphère. En revanche, les ondes radio de fréquences inférieures à 60 mégahertz s'y réfléchissent comme sur un miroir et rebondissent tout autour de la planète : c'est ce qui nous permet d'écouter la radio en ondes courtes. La Marine exploite cette propriété pour communiquer avec ses sous-marins stratégiques qui doivent recevoir les ordres nucléaires à l'aide d'antennes qui opèrent à quelques dizaines de kilohertz.

La fréquence de coupure

Seuls les milieux qui présentent des densités électroniques très élevées, tels les métaux, réfléchissent dans le visible. L'argent et plusieurs autres métaux courants, tels l'aluminium ou l'étain, contiennent environ 10^{23} électrons libres par centimètre cube, ce qui leur confère une fréquence de coupure dans l'ultraviolet. Ces métaux réfléchissent parfaitement toute la lumière visible. Partout où ils sont polis, ils prennent un aspect brillant : l'éclat métallique.

Les métaux qui présentent la même densité d'électrons libres que l'argent devraient faire aussi de bons miroirs dans le visible. Cependant, certains d'entre eux, tels l'or ou le cuivre, renferment, en plus de leurs électrons libres, de très nombreux « électrons quasi libres ». Ces électrons faiblement liés aux noyaux du cristal métallique interagissent aussi avec la lumière, ce qui abaisse la fréquence de coupure. Ainsi, dans le cas de l'or ou du cuivre, celle-ci se trouve au milieu du spectre visible. De fréquences plus élevées, les ondes de longueurs d'onde courtes (bleu, violet) sont transmises vers l'intérieur du métal où elles sont progressivement absorbées. Éclairés en lumière blanche, ces métaux prennent les couleurs chaudes des grandes longueurs d'onde (jaune orangé) qui sont réfléchies. Toutefois, s'il jaunit la lumière visible, l'or réfléchit 99 pour cent du rayonnement infrarouge. Cette propriété a été mise à profit pour concevoir les casques des astronautes des missions *Apollo*. Le mince film d'or qui les recouvrait renvoyait la quasi-totalité du rayonnement infrarouge, ce qui limitait l'échauffement de l'intérieur du casque. Ce film était aussi assez mince pour être transparent dans le visible : ces astronautes se présentèrent à la Lune derrière un miroir sans tain.

Quelle épaisseur d'argent ou d'aluminium déposer pour faire un miroir ? Si ces métaux étaient des conducteurs parfaits, cette épais-

2. La Marine communique avec ses sous-marins en mission à l'aide d'ondes de basses fréquences qui se réfléchissent sur l'ionosphère, la terre ou la mer, parce que ces milieux sont conducteurs. Les sous-marins reçoivent les messages en faisant remonter à la surface une antenne flottante.

seur serait nulle. Toutefois, ce sont des conducteurs réels : le mouvement des électrons libres y est freiné par des collisions avec les défauts ou les impuretés du réseau cristallin. Causes de la résistance électrique, ces frictions microscopiques limitent aussi l'amplitude des mouvements des premiers électrons que rencontre l'onde, et le champ qu'ils émettent ne compense pas complètement l'onde incidente, qui pénètre donc dans le métal. Les électrons plus profonds participent aussi à la réflexion.

Plus la résistance électrique est grande, moins les électrons sont efficaces et plus la lumière pénètre profondément. Nommée « épaisseur de peau », la profondeur maximale de pénétration de l'onde est proportionnelle à la racine carrée du produit de la résistivité du métal par la longueur d'onde. Dans le cas des fréquences de la lumière visible (de l'ordre de 5×10^{14} hertz) et pour un très bon conducteur comme l'argent ou le cuivre, cette épaisseur est de l'ordre de trois nanomètres, soit quelques dizaines de distances interatomiques. Ainsi des couches d'argent épaisses d'un vingtième de micromètre suffisent pour obtenir un bon miroir.

Avec un piètre conducteur comme l'eau de mer et les grandes longueurs d'onde, l'épaisseur de peau atteint une quinzaine de mètres. C'est heureux pour les sous-mariniers qui peuvent capter les messages qui leur sont destinés sans trop s'approcher de la surface. Si, par précaution, ils souhaitent rester en profondeur, il leur suffit de faire remonter une antenne flottante.

G. Courty

Le choix de la réflexion

En empilant des couches transparentes et incolores, on crée des couleurs chatoyantes... ou l'on supprime des reflets gênants.

Les miroirs argentés de nos salles de bains réfléchissent toute la lumière visible. En revanche, la nature, plus sélective, a conçu des dispositifs qui ne reflètent que certaines couleurs, comme la carapace de divers insectes ou crustacés aux teintes chatoyantes. L'examen de cette carapace ne révèle pourtant qu'une succession de minces couches transparentes... et incolores ! Comment y naît la couleur ? Pour le découvrir, allons d'abord dans la salle de bains jouer avec des bulles de savon.

Les couleurs des bulles de savon sont changeantes, alors que l'eau, même savonneuse, est incolore. Ces teintes sont dues à la nature ondulatoire de la lumière. La lumière blanche est une superposition d'ondes électromagnétiques sinusoïdales, de longueurs d'onde qui s'étalent de 0,4 micromètre, pour le bleu, à 0,8 micromètre, pour le rouge. Chacune de ces ondes se réfléchit sur les deux faces de la fine lame d'eau formant la paroi de la bulle, et les deux ondes réfléchies se recombinent et interfèrent.

Bulles de savon : double réflexion

Comme elles n'ont pas suivi le même chemin, ces deux ondes n'ont pas effectué le même nombre d'oscillations avant de se recombiner. Pour certaines longueurs d'onde, donc certaines couleurs, elles sont en phase après réflexion ; l'interférence est alors constructive et la réflexion de ces couleurs est renforcée. Pour d'autres longueurs d'onde, les deux ondes arrivent en opposition de phase et la réflexion est totalement supprimée *(voir la figure 1)*.

Pour déterminer si une couleur sera réfléchie ou pas, il convient de suivre le trajet des deux ondes. La première provient de la réflexion de l'onde incidente sur la face externe de la lame d'eau. L'eau étant plus dense que l'air, l'onde s'y réfléchit comme l'ébranlement d'une corde parvenant à une extrémité fixe : elle se renverse (l'amplitude change de signe quand la direction de propagation s'inverse). La deuxième onde provient de la réflexion sur la face interne. À cette interface eau/air, l'amplitude de l'onde ne change pas de signe lors de la réflexion.

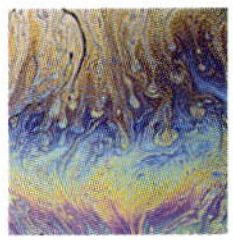

Plus la lame est épaisse, plus l'onde faisant un aller-retour dans l'eau a effectué d'oscillations supplémentaires par rapport à la première onde réfléchie. Si la lame est très mince, elle retrouve sans avoir oscillé la première onde, renversée par réflexion. Les deux ondes sont en pure opposition : elles se compensent et aucune lumière n'est renvoyée. C'est pourquoi, juste avant que la bulle n'éclate, on voit à sa surface des petits disques totalement noirs dont le diamètre augmente progressivement. Ce sont les zones où la paroi devient très mince et où elle va percer.

Quand la lame est plus épaisse, l'onde réfléchie sur la face interne n'est plus en opposition avec la première ; il y a donc réflexion par la lame. Lorsque l'épaisseur est égale au quart de la longueur d'onde dans l'eau (égale à la longueur d'onde dans le vide divisée par l'indice de réfraction de l'eau, 1,33), les deux ondes oscillent de concert et la réflexion est accentuée : l'épaisseur correspondante est 0,075 micromètre pour le bleu et 0,125 micromètre pour le rouge. Ainsi, en fonction de l'épaisseur de la bulle, chaque longueur d'onde est réfléchie différemment, et diverses couleurs apparaissent.

Comment améliorer la sélection des couleurs par réflexion ? Les couleurs vives et métalliques de divers insectes indiquent la piste. Par exemple, la carapace de certains coléoptères comporte cinq couches superposées dont l'épaisseur assure la réflexion de la couleur dominante *(voir la figure 2)*. La multiplicité de couches fait que le moindre écart en longueur d'onde donne lieu à des interférences destructives : seule la longueur d'onde appropriée est réfléchie.

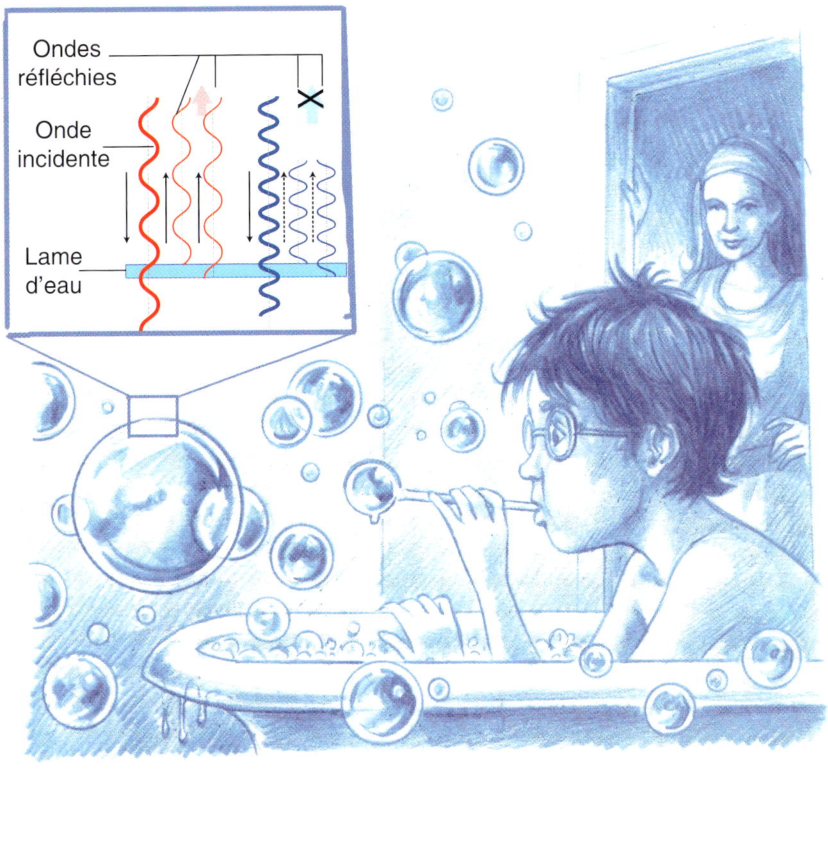

1. Une onde lumineuse qui arrive sur la paroi d'une bulle de savon est réfléchie sur sa face externe et sur sa face interne. Sur le schéma, ces ondes réfléchies sont décalées parallèlement à l'onde incidente pour plus de lisibilité. Pour une épaisseur donnée de la lame d'eau, il peut y avoir, selon la longueur d'onde, interférence constructive *(en rouge)* ou destructive *(en bleu)* des deux ondes réfléchies.

Des couches pour ou contre les reflets

Ces « miroirs », sélectifs vis-à-vis des couleurs, le sont aussi vis-à-vis des orientations, car le parcours effectué par la lumière dans chaque couche dépend de la direction d'incidence. Certaines crevettes tirent avantage de ces deux sélectivités. Elles ont sous leur ventre un réflecteur efficace dans les bleus, auquel s'ajoutent des cellules luminescentes, qui émettent de la lumière bleutée. Cette combinaison leur permet d'émettre vers le bas une lumière ressemblant à la lumière solaire vue des profondeurs, c'est-à-dire ayant la même couleur et la même répartition en direction. Pour leurs prédateurs situés en dessous, ces crevettes se confondent avec le ciel et sont peu visibles.

Au lieu d'augmenter la réflectivité de certaines couleurs, on peut vouloir la réduire. Un simple verre de lunettes réfléchit environ 8 pour cent de la lumière incidente ; s'il est taillé dans un verre organique, la réflexion atteint 13 pour cent et devient gênante. Aussi réduit-on la réflexion en déposant sur le verre une mince couche d'un milieu optique différent, intermédiaire entre l'air et le verre *(voir la figure 3)*. De la sorte, les réflexions qui se produisent sur les deux faces de la lame (air/couche et couche/verre) sont de même nature (l'amplitude ne change pas de signe). En revanche, il subsiste le retard consécutif au trajet de la lumière au sein de la couche. Quand l'épaisseur de celle-ci vaut un quart de la longueur d'onde, les deux ondes réfléchies sont en opposition de phase et s'annihilent. Un tel traitement, déjà utile pour les lunettes de vue, se révèle indispensable pour les objectifs photographiques ou les jumelles qui peuvent contenir jusqu'à 10 lentilles, soit 20 faces susceptibles de réfléchir la lumière. On détecte sa présence en regardant de côté

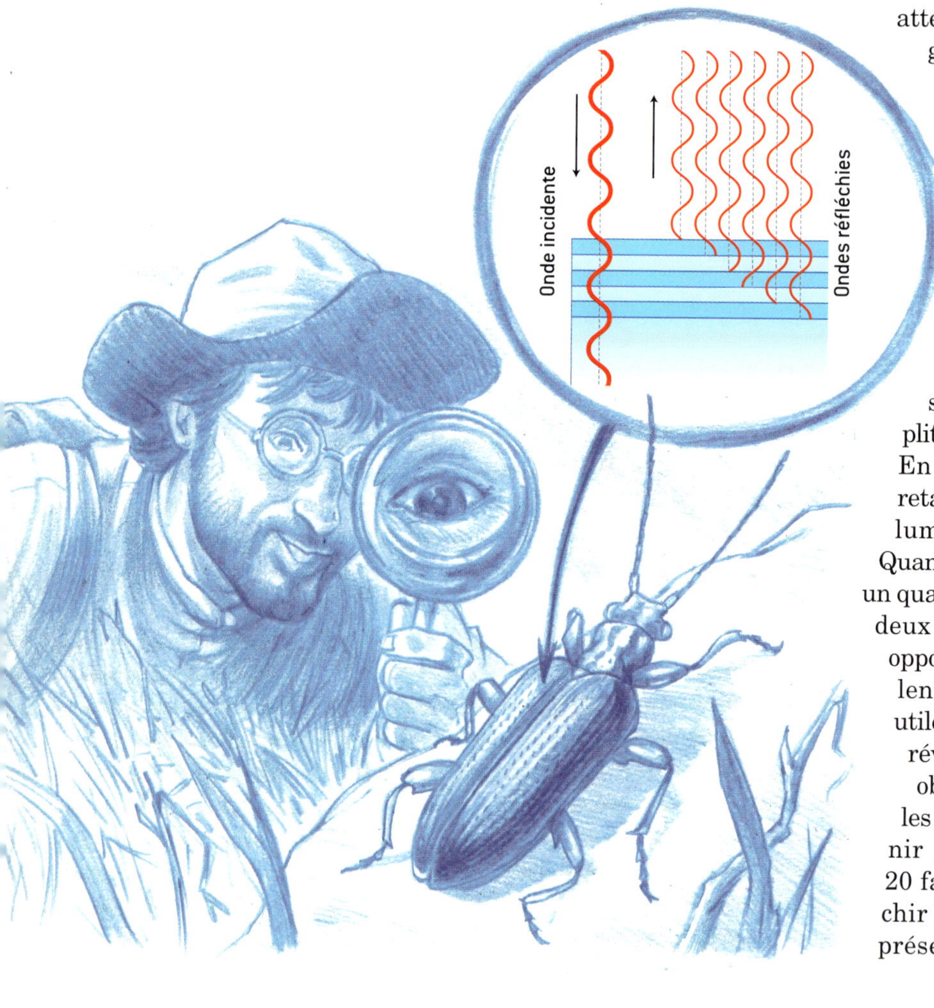

2. En alternant des couches de même épaisseur mais d'indices de réfraction différents, l'interférence des ondes réfléchies n'est constructive que pour des longueurs d'onde spécifiques. Celles-ci déterminent la coloration de la surface, qui varie selon l'angle de vue.

l'objectif photographique : la couche antireflet perd son efficacité lorsque la lumière arrive de biais, et l'on voit des couleurs pastels apparaître à la surface de la lentille.

En contrôlant réflexion et transmission grâce aux multicouches, les opticiens font des prodiges – des surfaces qui réfléchissent totalement certaines longueurs d'onde tout en en transmettant totalement d'autres. C'est le cas des « miroirs froids » inventés il y a un demi-siècle par Harold Schroeder et ses collègues de la Société *Bausch & Lomb*. Utilisés dans des projecteurs, ces miroirs renvoient un faisceau lumineux composé uniquement de lumière visible. Ils laissent en revanche s'échapper vers l'arrière toute la lumière infrarouge, dont le seul effet serait d'échauffer la zone éclairée sans la rendre plus visible. Faute d'un prix Nobel, leurs inventeurs ont été récompensés par un Oscar technique en 1959, car ces miroirs ont fortement réduit la fâcheuse tendance des projecteurs de cinéma à enflammer les pellicules.

3. Pour éliminer les reflets sur un verre d'un instrument optique, on le revêt d'une couche d'épaisseur égale au quart de la longueur d'onde lumineuse à éliminer et d'indice de réfraction intermédiaire entre celui de l'air et celui du verre : on a ainsi une interférence destructive.

Stéphane Muratet © ONERA

Faisceaux d'ondes et de lumière

Plusieurs sources d'ondes électromagnétiques produisent ensemble un faisceau dont l'énergie peut être dirigée à volonté grâce aux interférences.

Un nouveau type de radars balaie le ciel sans bouger. Constitué d'un réseau d'antennes, il émet un faisceau d'ondes électromagnétiques dont on contrôle l'orientation en faisant interférer les ondes émises par chaque antenne. Limitée jusqu'à présent aux ondes radio, cette technique vient d'être mise à profit pour réaliser des vidéoprojecteurs optiques de qualité.

Et pourtant, ils ne tournent pas !

Les radars localisent les objets mobiles en émettant dans une direction donnée un faisceau d'ondes électromagnétiques dans le domaine micro-onde, puis en détectant l'écho qui leur revient. Dans un radar classique, les micro-ondes sont émises par une tige conductrice parcourue par un courant alternatif, placée au foyer d'un réflecteur parabolique ; celui-ci concentre le rayonnement de l'antenne dans une seule direction. Le suivi d'une cible ou le balayage du ciel impose de faire tourner très vite le lourd système constitué par la parabole et l'antenne, ce qui pose des problèmes mécaniques. Pour les éviter, les ingénieurs ont mis à profit les interférences entre les ondes émises par plusieurs antennes et développé des radars sans parties mobiles.

Pour saisir leur fonctionnement, considérons deux antennes dressées côte à côte, émettant la même onde électromagnétique, un champ électrique et un champ magnétique qui oscillent sinusoïdalement dans le temps en se propageant. En chaque point de l'espace, le champ électrique est la somme des champs créés par chaque émetteur. Face aux deux antennes, à égale distance de chacune, les ondes reçues mettent le même temps pour nous parvenir : elles sont « en phase », ou synchrones. Leurs amplitudes s'ajoutent, elles interfèrent constructivement, et le champ détecté est le double du champ d'une antenne.

Plaçons-nous alors en un point où les distances aux antennes diffèrent d'une demi-longueur d'onde (la moitié de la distance que parcourt l'onde en une période d'oscillation). Le signal qui parvient

de l'antenne éloignée nous arrive avec un retard d'une demi-période par rapport à celui de l'antenne proche ; lorsqu'un des champs est maximal, l'autre est minimal. Les deux ondes sont en opposition de phase et leur somme est rigoureusement nulle : leurs interférences sont destructrices. Lorsque les antennes sont séparées d'une demi-longueur d'onde, on obtient de telles interférences en se plaçant dans l'alignement des deux antennes. Dans cette configuration, le champ est maximal face aux antennes, nul sur le côté, et dans une direction intermédiaire, son amplitude est comprise entre ces deux extrêmes.

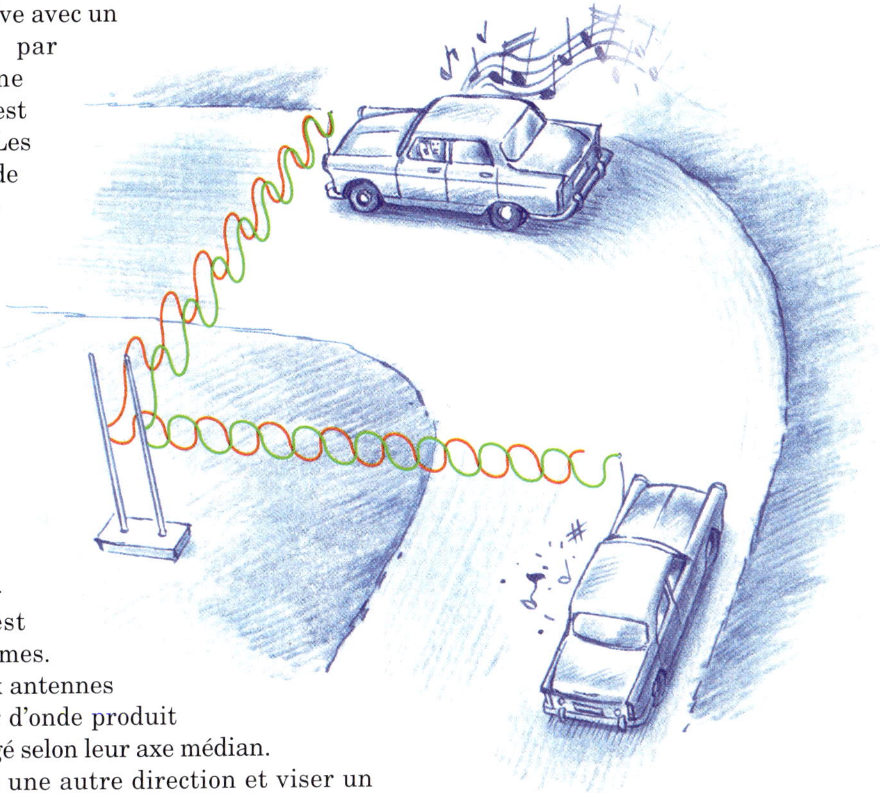

1. **Des ondes décalées dans l'espace d'une demi-longueur d'onde interfèrent destructivement *(ci-dessus avant le tournant)*. Synchrones, elles interfèrent constructivement *(ci-dessus après le tournant)*.**

Ainsi, l'association de deux antennes séparées d'une demi-longueur d'onde produit un faisceau grossièrement dirigé selon leur axe médian. Pour diriger le faisceau selon une autre direction et viser un point, il suffit de retarder l'émission du champ par l'antenne la plus proche. Quand ce retard équivaut au temps que met le champ émis par l'antenne éloignée pour couvrir la distance supplémentaire, les deux ondes arrivent ensemble sur le point : les interférences sont constructrices. Le signal reçu est alors maximal.

Pour rendre le faisceau plus directif, on associe dans un même réseau un grand nombre d'émetteurs. Le réseau le plus simple est constitué d'antennes alignées et régulièrement espacées. Comme dans le cas de deux émetteurs, lorsque toutes les antennes émettent de façon synchrone, les interférences sont constructrices dans la direction perpendiculaire au réseau. Dès que l'on s'en écarte, la multiplicité des déphasages entre ondes qui parviennent en un point fait que les interférences sont destructrices : seule une condition géométrique précise amène le synchronisme. Les ondes émises ensemble n'interfèrent constructivement que dans « l'axe du faisceau » ; on modifie à volonté la direction du faisceau, en jouant sur les retards entre antennes grâce à des circuits de contrôle, les lignes à retard.

En optique aussi

Avec cette association de réseaux et de lignes à retard, on produit pour l'aéronautique un nouveau type de radars sans parties mobiles. De plus, le principe peut être étendu à des longueurs d'onde jusqu'à présent inaccessibles aux radars paraboliques. C'est le cas du radar *Nostradamus*, réalisé par l'ONERA, qui travaille à une longueur d'onde de quelques dizaines de mètre, donc de grande taille, pour laquelle il est impossible de réaliser un réflecteur parabolique orientable. *Nostradamus* est constitué de 288 antennes réparties sur les bras d'une étoile à trois branches et s'étend sur des centaines de mètres. Comme les ondes qu'il émet vers le ciel rebondissent sur l'ionosphère, Nostradamus suit des objets mobiles au-delà de l'horizon : icebergs, navires de haute mer ou avions.

Grâce aux mêmes idées, on réalise depuis peu des vidéoprojecteurs performants en contrôlant des faisceaux de lumière visible. Le domaine de longueur d'onde correspondant est la fraction de micromètre. Le rôle des antennes y est joué par de petits miroirs disposés côte à côte que l'on éclaire avec une source laser.

Les miroirs étant de taille comparable aux longueurs d'onde du visible, ils diffractent la lumière en la renvoyant dans toutes les directions. Éclairons un tel réseau de biais de sorte que la différence des distances entre le laser et les

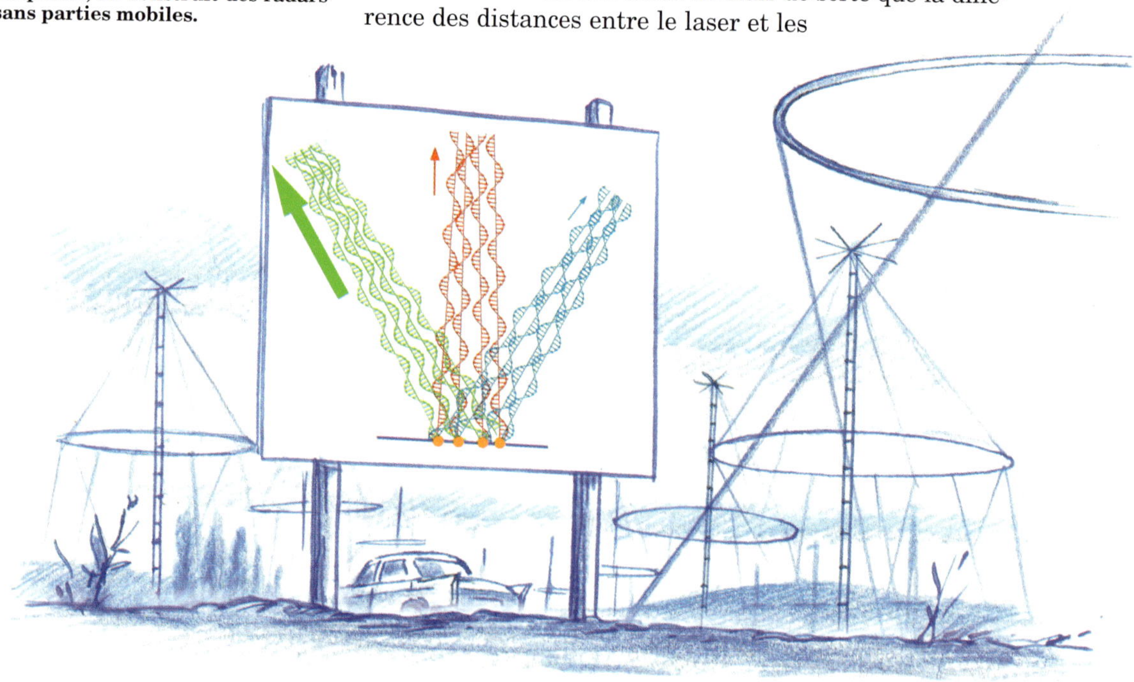

2. Les interférences d'un réseau d'antennes *(quatre sur le schéma du panneau)* concentrent l'énergie émise dans une direction privilégiée *(ici en vert)*. Grâce à cette propriété, on construit des radars sans parties mobiles.

centres de deux miroirs consécutifs soit égale à la longueur d'onde du laser. Les ondes qu'ils reçoivent étant synchrones, les miroirs réémettent en phase : il se produit des interférences constructrices dans la direction perpendiculaire au réseau. Pour une autre valeur de la longueur d'onde, les ondes ne sont plus synchrones de sorte qu'aucune lumière n'est émise dans la direction perpendiculaire au réseau. En juxtaposant trois réseaux réglés pour les longueurs d'onde du rouge, du vert et du bleu, on réalise un « pixel » actif, qui, éclairé de biais par ces trois couleurs, réémet chacune des trois couleurs de base vers une optique de projection.

Afin d'obtenir un point coloré sur un écran, il faut en outre régler à volonté les intensités rouge, verte et bleue. Pour cela, chaque pixel actif est muni de l'équivalent des lignes à retard variable des radars : on monte un miroir sur deux sur un ruban métallique qu'une tension adéquate fait reculer. Quand on déplace suffisamment ces miroirs, la lumière qu'ils renvoient selon la normale se propage d'une demi-longueur d'onde de plus que celle des miroirs fixes : les interférences sont donc destructrices dans la direction perpendiculaire au plan des miroirs. Ainsi, en modifiant les crénelures du triple réseau de miroirs, on contrôle les intensités rouge, verte et bleue renvoyées par le composant vers l'optique de projection. La Société *Sony* a récemment réalisé un prototype à partir d'un réseau linéaire de 1 080 pixels actifs constitués chacun de 6 rubans de 3 micromètres de large et de 100 micromètres de long. Ces pixels forment ensemble sur l'écran une colonne verticale qui est déplacée à l'aide d'un miroir tournant pour former une image complète. D'un contraste et d'une rapidité jamais atteints auparavant, le nouveau système pourrait bientôt équiper nos salles de projection.

3. Dans de nouveaux vidéoprojecteurs, les interférences directionnelles des signaux lumineux réfléchis par un réseau de petits miroirs produisent des images de haute qualité et à défilement rapide.

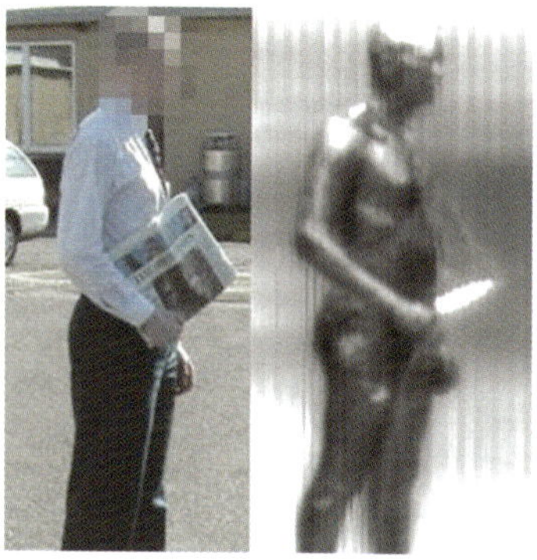

© QinetiQ

Pas de pudeur avec les rayons T !

Opaques à la lumière ordinaire, beaucoup de matériaux sont transparents au rayonnement térahertz : la vision à travers les vêtements ou des cloisons n'est plus une utopie.

Les rayons X chers aux radiologues ont désormais un sérieux concurrent : les ondes térahertz, aussi nommées rayons T. Ces ondes électromagnétiques, entre les ondes radio et la lumière infrarouge, permettent elles aussi de voir à travers la matière. Connues depuis plus d'un siècle, elles avaient été délaissées en raison de difficultés techniques qui paraissaient insurmontables. Cependant, des progrès récents, liés notamment aux techniques de microfabrication, augurent d'un avenir... radieux !

Pourquoi la production et la détection des ondes térahertz sont-elles un défi ? Au premier abord, ces rayons n'ont rien de particulier. Comme les rayons X, la lumière visible ou les micro-ondes, il s'agit d'ondes électromagnétiques, composées d'un champ électrique et d'un champ magnétique qui oscillent de concert et s'induisent l'un l'autre tout en se propageant à la vitesse de la lumière. Les ondes térahertz se distinguent par leur gamme de fréquences, située entre celles des ondes radio et celle de la lumière infrarouge : entre 0,3 et 10 térahertz, un térahertz valant 10^{12} hertz (1 000 gigahertz). Cela correspond à des longueurs d'onde comprises entre 0,03 et 1 millimètre.

Le moyen de détecter des ondes électromagnétiques dépend beaucoup de leur fréquence. Pourrait-on détecter les ondes térahertz à l'aide d'une antenne, comme les ondes radio ? Pour être efficace, une antenne doit être de taille comparable à la longueur d'onde des ondes détectées, quelques centimètres par exemple pour les ondes utilisées par les téléphones portables. De surcroît, le circuit électronique qui traite le courant électrique induit par l'onde dans l'antenne doit fonctionner à la fréquence de l'onde. Dans le cas des rayons T, réaliser des antennes de taille inférieure au millimètre pour les connecter à un circuit électronique fonctionnant à des fréquences supérieures à 0,3 térahertz relève encore de la (science-) fiction !

Entre radio et infrarouge

Tournons-nous vers l'optique. Les caméras sensibles à la lumière visible ou à l'infrarouge détectent l'arrivée des photons, ces particules qui portent l'énergie lumineuse. À son arrivée sur le capteur, chaque photon

libère un électron qui est recueilli et qui participe à la formation de l'image numérique. Or l'énergie – inférieure au dixième d'électronvolt – des photons de la lumière térahertz est insuffisante pour provoquer des transitions électroniques dans la matière : ces photons sont capables tout au plus de faire vibrer ou tourner certaines molécules. Ainsi, ne pouvant être détecté ni comme une onde radio ni comme une particule de lumière, le rayonnement térahertz est resté inutilisé jusqu'à très récemment.

Ces ondes ont pourtant beaucoup d'intérêt. Comme nous venons de l'évoquer, les photons térahertz ont une énergie faible : ils interagissent peu avec la matière et sont donc très peu absorbés. Ils peuvent la traverser, comme le font les ondes radio. Ainsi, des matériaux aussi divers que les tissus, les plastiques, les céramiques et la brique sont transparents aux rayons T. En fait, seuls les métaux et l'eau bloquent le rayonnement

1. Les ondes térahertz ne sont bloquées que par l'eau et les métaux. Les tissus biologiques, qui contiennent de l'eau, sont donc relativement opaques à ce rayonnement. Une caméra sensible aux ondes térahertz peut ainsi former l'image d'un animal enfermé dans un paquet. Un nouveau moyen de lutter contre le commerce des espèces protégées ?

térahertz. Et encore, ce rayonnement traverse le brouillard et peut pénétrer sur quelques millimètres les tissus biologiques.

Par ailleurs, au contraire des ondes radio, les rayons T sont peu diffractés à notre échelle. Les ondes ne divergent pas lorsqu'elles passent à travers une ouverture de grande dimension par rapport à la longueur d'onde. Celle-ci étant inférieure au millimètre, les objets de taille courante perturbent peu les ondes térahertz. Les rayons T ont donc une propagation rectiligne, comme la lumière. On peut les focaliser avec des lentilles, et ainsi former des images.

2. Le rayonnement térahertz ambiant, sans « éclairage » artificiel par un appareil émettant des rayons T, est suffisant pour obtenir des images utiles. Les applications aux services de sécurité sont évidentes, comme l'illustrent les deux clichés incorporés au dessin. Ces clichés (à gauche en lumière normale, à droite en imagerie térahertz) ont été réalisés par la Société britannique *QinetiQ*.

Pénétrants, mais inoffensifs

Malgré tous ces avantages, l'essor des techniques térahertz est récent – il a fallu diminuer des coûts exorbitants et résoudre maints problèmes techniques. Les ondes térahertz étant mi-radio, mi-lumière,

on a réalisé des caméras à rayons T en combinant les techniques de ces deux domaines.

À son arrivée sur l'objectif de la caméra, la « lumière » térahertz rencontre une lentille, en matériau polymère, qui forme une image sur un plan situé derrière elle. Des guides d'onde – sortes de microcavités – y capturent les rayons T et les acheminent vers un réseau d'antennes de quelques dizaines de micromètres de long, gravées sur une pellicule d'or. Cette dernière est déposée sur un matériau sensible à la chaleur tel que le bismuth. Les antennes, qui captent très efficacement le rayonnement térahertz, ne sont reliées à aucun circuit électronique. Le courant électrique induit par l'onde chauffe l'antenne et son support par effet Joule, comme dans une résistance. L'élévation de température est détectée et transformée en image comme dans une caméra infrarouge.

Une telle caméra est assez sensible pour fonctionner sur un mode passif, c'est-à-dire sans nécessiter un éclairage de la scène avec une source d'ondes térahertz. Les matériaux transparents aux ondes térahertz, tels les tissus secs, sont invisibles sur les images obtenues. En revanche, les matériaux opaques à ces rayons réfléchissent le rayonnement térahertz ambiant et en émettent eux-mêmes : ils sont donc détectés par la caméra. Autrement dit, la caméra térahertz voit le corps à travers les vêtements. Gare aux voyeurs !

Parallèlement au développement de détecteurs, on a produit des sources intenses de rayonnement térahertz en accélérant des électrons, soit avec des accélérateurs de particules, soit avec des nanotransistors. Ces sources ouvrent la voie à d'intéressantes applications en radiologie. En effet, comme les photons térahertz sont beaucoup moins énergétiques que les photons X, les rayons T ne sont pas ionisants et ne présentent pas les dangers des rayons X. On peut utiliser ces nouvelles sources pour illuminer des objets et les regarder en transparence : on obtient alors des images, semblables aux radiographies, où les matériaux apparaissent d'autant plus noirs qu'ils sont opaques aux rayons T. Il est ainsi possible de compter le nombre d'allumettes dans une boîte sans l'ouvrir, de visualiser le contenu d'un pli suspect ou d'obtenir une vue tridimensionnelle d'une dent cariée. Bientôt, de l'homme, seul subsistera l'esprit dans son irréductible opacité.

Dugald Duncan - Department of Mathematics, Herio-Watt University, Edinburgh

Ces ondes qui restent en forme

Comment éviter qu'un train pénétrant à grande vitesse dans un long tunnel engendre une onde de choc aux effets désagréables ? En transformant l'onde sonore initiale en soliton – une onde qui ne se déforme pas.

En entrant dans un tunnel, un train à grande vitesse crée dans l'air une surpression qui, en se propageant, se transforme en une onde de choc *(voir la figure 1)*. Diverses solutions ont été proposées pour éviter aux passagers et aux riverains ses effets gênants telles des secousses ou des déflagrations sonores ; la plus originale consisterait à convertir l'onde de choc en une « onde solitaire » beaucoup moins agressive. Qu'est-ce qu'une telle onde et comment l'obtenir ? La lumière nous viendra de... la lumière ! Nous ferons en effet un détour par les solitons optiques, impulsions lumineuses qui parcourent des centaines de kilomètres de fibre optique sans se déformer.

Tel un piston dans un tube, un train qui pénètre dans un tunnel comprime l'air brutalement, et la surpression créée se propage le long du tunnel. À l'intérieur de cette surpression d'environ 1 000 pascals (un centième d'atmosphère), l'air est d'autant plus chaud qu'il est comprimé, c'est-à-dire que la pression est plus élevée. La vitesse du son augmentant avec la température, les différentes zones de la surpression, qui ne sont pas à la même température, se déplacent à des vitesses distinctes. L'onde de surpression se déforme alors peu à peu : la zone la plus comprimée rattrape le front avant, telle la crête d'une vague qui s'apprête à déferler *(voir la figure 2)*.

Après plusieurs centaines de mètres, l'onde de surpression s'est raccourcie et son amplitude a presque doublé. Son front est devenu abrupt, elle est devenue une onde de choc. Au bout du tunnel, elle se réfléchit partiellement vers le train et les passagers, qu'elle incommode, tandis qu'à l'extérieur les riverains entendent une sorte de coup de tonnerre.

Pour empêcher l'onde de surpression de se transformer en une onde de choc, il faudrait pouvoir réaliser l'équivalent acoustique du mascaret : une vague qui, lors des grandes marées, remonte les fleuves sans déferler. Ce type d'onde, nommé aujourd'hui soliton, fut observé en 1834 par John Scott Russell, un ingénieur de la marine écossaise. L'arrêt brusque d'un bateau dans un canal étroit avait créé une vague haute d'environ 50 centimètres et longue de 10 mètres qui, à sa grande surprise, ne déferlait pas. Pendant près d'un quart d'heure, Russell suivit à cheval – à la vitesse d'une dizaine de kilomètres par heure – cette onde sans constater de modification de son profil.

Des mascarets de lumière

Dans un soliton, un second effet, opposé à celui vu avec l'onde de surpression, empêche l'onde de se raidir. Pour le comprendre, examinons les solitons optiques, impulsions lumineuses particulières qui se propagent dans une fibre optique. Comme la surpression dans un tunnel, une impulsion lumineuse se déforme lors de sa progression, car la vitesse de propagation de la lumière dans la matière dépend de l'intensité de l'onde. Aussi la vitesse de la partie centrale de l'impulsion est-elle différente de la vitesse de ses flancs. Même si cet effet, dit de non-linéarité, est très faible pour les intensités lumineuses utilisées

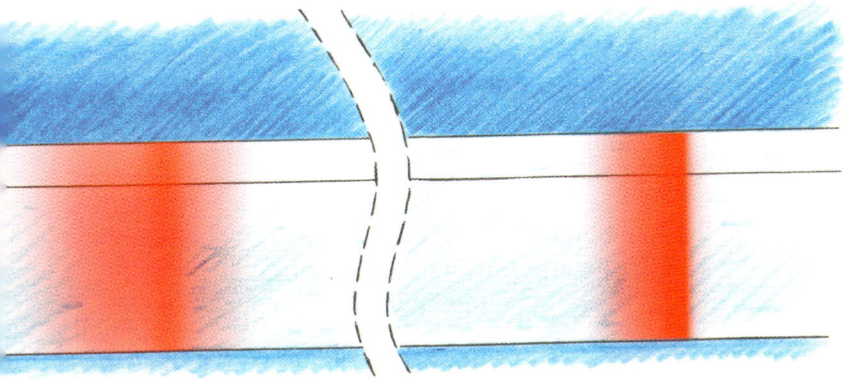

1. La vitesse du son augmente avec la température. Or dans la zone centrale de l'onde de surpression *(à gauche)*, la pression est maximale et l'air est plus chaud. Cette partie avance plus vite que le front avant. Au bout de deux ou trois kilomètres, la zone centrale a rattrapé l'avant de l'onde. L'onde de surpression, raccourcie, est devenue une onde de choc *(à droite)* où la surpression a presque doublé.

pour les télécommunications, il se cumule sur les centaines de kilomètres de fibre et pose problème : l'impulsion déformée risque de chevaucher ses voisines, d'où des erreurs de transmission du signal.

À l'inverse de l'onde de surpression aérienne, la vitesse de propagation de l'onde lumineuse diminue avec l'intensité. L'intensité étant maximale vers le milieu de l'impulsion lumineuse, cette zone avance moins vite que le front avant ou arrière de l'onde. Il s'ensuit que les oscillations formant l'onde initiale se resserrent à l'arrière et se desserrent à l'avant : les longueurs d'onde diminuent à l'arrière et augmentent à l'avant *(voir la figure 3)*.

Le second effet antagoniste, dit de dispersion, entre alors en jeu : dans la matière, la vitesse de la lumière dépend de la longueur d'onde. Au sein d'une fibre optique, la vitesse de propagation diminue quand la longueur d'onde augmente. L'avant de l'impulsion se propage donc moins vite que l'arrière. Peu à peu, les composantes de courtes longueurs d'onde rattrapent, puis dépassent les composantes de grandes longueurs d'onde, à l'inverse de l'effet précédent. Pour une intensité lumineuse bien choisie, les deux effets se compensent exactement et créent un soliton optique : une impulsion lumineuse qui se propage en conservant sa forme.

Un tel soliton est une entité robuste. Si l'intensité initiale est trop élevée, l'impulsion lumineuse commence par se déformer et par perdre une partie de son énergie, pour finalement former un soliton qui se propage sur des milliers de kilomètres. De plus, on peut injecter dans une fibre optique des solitons de longueurs d'onde différentes. Ceux-ci se propagent à des vitesses différentes et peuvent donc entrer en collision. Toutefois, de façon surprenante, chaque soliton reprend après la collision sa forme et sa course solitaire, comme si chaque soliton avait une vie propre et indépendante.

Longtemps considérée comme une utopie, la télécommunication optique par solitons est maintenant une réalité. Ainsi,

2. Le haut d'une vague parvenue près du rivage avance plus vite que les parties avant et arrière (comme pour l'onde de surpression créée par un train). C'est pourquoi la vague se déforme et finit par déferler. Dans un mascaret – un soliton hydrodynamique –, la dispersion (variation de la vitesse en fonction de la longueur d'onde) compense exactement ce phénomène.

une partie des communications entre la Corse et le continent s'effectue depuis 2002 par solitons circulant dans 350 kilomètres de fibre optique, sans aucun relais sous la mer, avec un débit maximal de 800 gigabits par seconde et par fibre.

Qu'en est-il du mascaret ? Il se décompose lui aussi en vagues de longueurs d'onde différentes, qui se propagent à des vitesses distinctes. Comme pour le soliton optique, deux effets – la non-linéarité liée à l'amplitude et la dispersion des longueurs d'onde – se compensent et assurent sa stabilité.

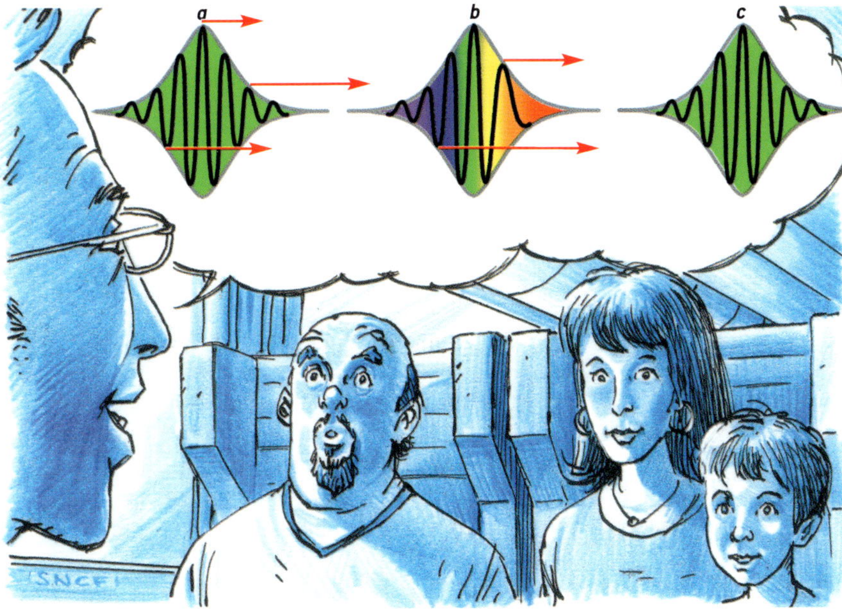

3. Dans une fibre optique, la partie intense d'une impulsion lumineuse avance moins vite *(a)*, ce qui dilate les ondulations à l'avant et, inversement, les resserre à l'arrière *(b)*. Par ailleurs, les courtes longueurs d'onde se propagent plus vite que les grandes *(b)*. Quand ces deux effets se compensent, on a un soliton optique, impulsion qui garde sa forme *(a et c)*.

Un soliton sonore au Soleil levant

Et pour les ondes de surpression dans l'air ? La vitesse du son étant la même pour toutes les longueurs d'onde, il n'y a pas d'effet de dispersion. C'est pourquoi il n'existe pas de soliton naturel en acoustique. Comment éviter alors que l'onde de surpression créée par un train ne se déforme en une onde de choc ?

Pour former un soliton acoustique, Nobumasa Sugimoto, de l'Université d'Osaka, a trouvé le moyen d'introduire de la dispersion : brancher à intervalles réguliers sur les côtés du tuyau des résonateurs acoustiques (de simples cavités) de taille adaptée. Pour les longueurs d'onde proches de la valeur correspondant à une résonance des cavités, la propagation est ralentie. En choisissant bien la taille des résonateurs, on obtient l'effet de dispersion recherché. Les expériences se sont limitées jusqu'à présent à des tubes de dix mètres de longueur, mais N. Sugimoto est persuadé que de tels branchements aideront à mettre au point des machines moins bruyantes – des compresseurs par exemple – et permettront un jour de transporter chaleur ou autres formes d'énergie par voie acoustique !

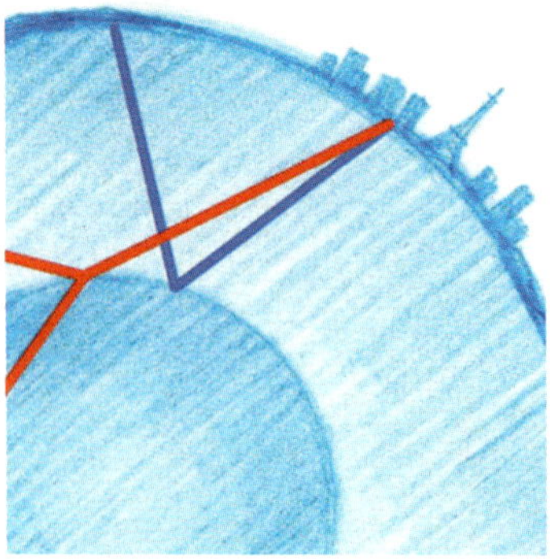

Ondes et Moho

Les ondes sismiques révèlent la structure interne de la Terre et inspirent un nouveau type de moteur.

Pour Descartes, la Terre est un ancien soleil où, autour d'un noyau de « matière solaire », diverses couches de terre, d'eau et d'air s'empilent. Si Descartes se trompe dans sa description, il a raison dans le principe ! Aujourd'hui, nous distinguons au sein de la Terre la graine, le noyau, le manteau et la croûte. Les géophysiciens ont identifié ces couches grâce aux ondes sismiques, des déformations périodiques qui se propagent dans la Terre et à sa surface ; ils les étudient pour connaître les propriétés de la Terre et de ses tremblements.

Ondes en volume

Tout comme les fluides, les solides transmettent le son. Si l'on colle l'oreille sur une poutre métallique, on perçoit le tapotement de doigts à l'autre extrémité. Que se passe-t-il ? Les petits impacts compriment légèrement la surface du métal, laquelle se détend, comprimant la couche voisine, laquelle se détend, et ainsi de suite. Ce mécanisme se poursuit au-delà de l'extrémité de la poutre, puis dans l'air jusqu'au tympan : le son est une onde de compression. Plus la matière que traverse l'onde est rigide, plus l'onde voyage vite ; en revanche, plus la matière est dense, donc d'une grande inertie, plus la vitesse du son est petite. Par rapport aux liquides, les solides sont à la fois plus denses et plus rigides. C'est cette dernière caractéristique qui l'emporte pour conférer au son une vitesse supérieure dans les solides. De 1 500 mètres par seconde dans l'eau, la vitesse du son atteint 3 650 mètres par seconde dans la brique et 6 000 mètres par seconde dans le granite.

Outre les ondes de compression comme le son, les solides convoient des « ondes de cisaillement ». Un cisaillement est un ensemble de deux forces antagonistes et perpendiculaires à l'axe qui joint leurs points d'application. Le propre d'un cisaillement est de déformer la matière sans changer son volume. Un liquide ne résiste pas à un cisaillement : si l'on « découpe » de l'eau avec des ciseaux, celle-ci s'écoule. En revanche, un solide ne se laisse pas cisailler sans résistance : il faut de l'énergie pour découper de la tôle avec une cisaille. L'élasticité des solides et leur résistance au cisaillement expliquent que les déformations de cisaillement s'y propagent de proche en proche. Tandis que les oscillations de compression de la matière sont parallèles à la direction de propagation, celles de cisaillement sont perpendiculaires.

Comment se compare la vitesse des ondes de cisaillement à celle du son ? Un corps, quel qu'il soit, résiste plus à une compression de son volume qu'à une action qui, tel un cisaillement, laisse l'espace qu'il occupe globalement inchangé. Ainsi, puisqu'un solide résiste moins au cisaillement qu'à la compression, les ondes de cisaillement dans les solides sont plus lentes que les ondes de compression. Dans le sol, une onde de cisaillement se propage à trois kilomètres par seconde, alors que la vitesse du son y est de six kilomètres par seconde.

Mettant à profit ces deux types d'ondes, les géophysiciens étudient la structure de la Terre. Les déformations brutales du sol lors d'un séisme produisent à la fois des ondes de compression et de cisaillement. Environ deux fois plus rapides que les ondes de cisaillement, les ondes de compression prennent de l'avance au cours de la propagation. La durée écoulée entre la réception des ondes est proportionnelle à la distance qu'elles ont parcourue. Un seul sismographe mesurant ce délai suffit donc à déterminer l'éloignement de l'épicentre d'un séisme. En revanche, il faut au moins trois sismographes situés en des points différents du globe pour « trianguler » la position et la profondeur de l'épicentre.

1. Le son se propage plus de 15 fois plus vite dans la fonte du tube (solide) qu'à l'intérieur (air). Au début du XIXe siècle, le physicien Jean-Baptiste Biot prouva ce fait dans les tuyaux des premiers égouts de Paris.

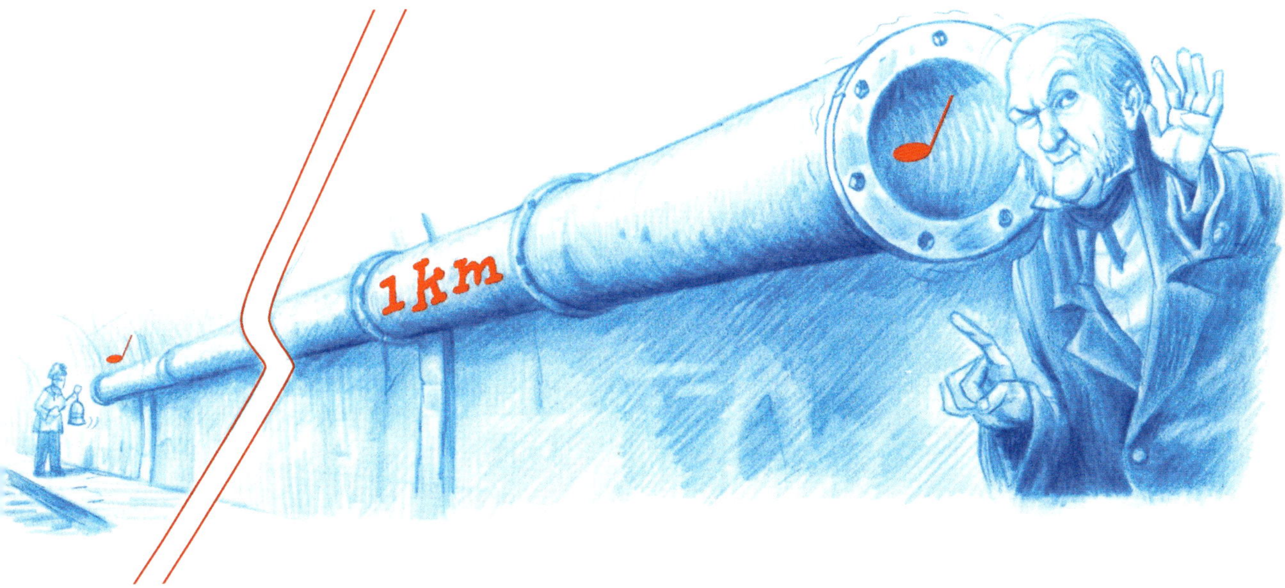

Quand ils connaissent la source d'une onde sismique, les géophysiciens tirent de nombreuses informations de la façon dont elle se propage au sein de la Terre. Comme toutes les ondes, une onde sismique est en partie réfléchie et en partie transmise lorsqu'elle rencontre une surface de séparation entre deux milieux de nature ou de densité différentes. Vers 1914, le Croate Andrija Mohorovicic réalisa ce qu'implique le retour d'échos chaque fois qu'une onde sismique se propage vers l'intérieur de la Terre : la présence vers 70 à 150 kilomètres de profondeur d'une discontinuité notable de densité. Connue aujourd'hui sous le nom de « Moho », cette discontinuité marque la séparation entre la croûte terrestre et le manteau. Découverte de la même manière et résultant d'une réflexion plus profonde, la discontinuité de Gutenberg, se trouve vers 3 000 kilomètres de profondeur et sépare le manteau du noyau.

Fait étonnant, les géophysiciens ont constaté que le noyau transmet les ondes de compression, mais pas les ondes de cisaillement. C'est donc qu'il est liquide ! Toutefois, lorsqu'ils ont poussé leur analyse, ils se sont aperçu qu'une sphère solide – la graine – se trouve au centre du noyau. Son rayon est d'environ 1 500 kilomètres.

Ondes de surface

Les séismes produisent un troisième type d'ondes mécaniques se propageant en surface. Nommées ondes de Rayleigh, ces ondes superficielles sont semblables à la houle : elles sont une combinaison d'ondes de compression (mouvements horizontaux) et d'ondes de cisaillement (mouvements verticaux). Ainsi, un objet posé sur le

2. Dans ce moteur, la partie mobile roule sur les sommets des ondes de Rayleigh.

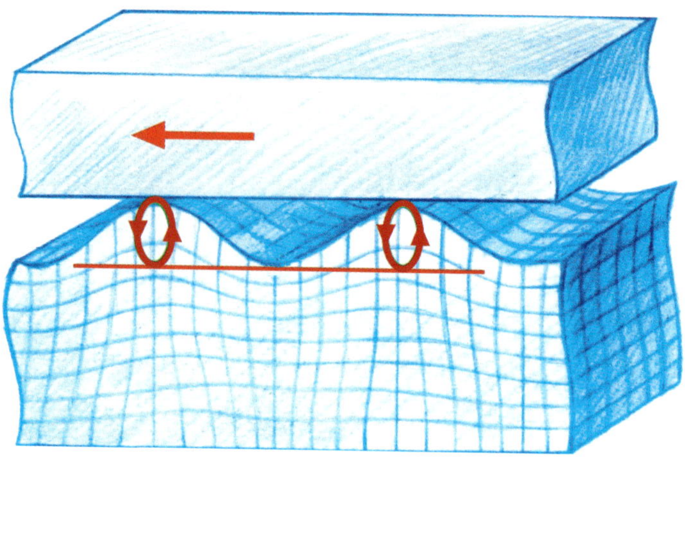

sol effectue un mouvement elliptique au passage d'une onde de Rayleigh. Il se déplace dans le sens de l'onde au bas de son mouvement, puis dans le sens contraire à son sommet. Comme les ondes de Rayleigh se propagent à la surface, la matière qu'elles compriment peut s'échapper vers le haut. Partout où elles compriment la terre, le sol se soulève, partout où elles l'étirent, le sol s'enfonce. Cette liberté de mouvement résulte de la présence de l'atmosphère et non de matière au-dessus du sol. Elle réduit la rigidité du sol. Ainsi, les ondes de Rayleigh sont moins rapides encore que les ondes de cisaillement, leur célérité atteignant seulement 2,7 kilomètres par seconde. Comme la houle, une onde de Rayleigh reste à la surface, qu'elle déforme sur une profondeur de l'ordre de sa longueur d'onde. Puisque son énergie se disperse dans deux directions de l'espace et non pas dans les trois, elle s'atténue moins vite que les autres ondes sismiques. On détecte encore l'onde de Rayleigh émise par un tremblement de terre après qu'elle a fait trois fois le tour de la Terre.

Même si les ondes de surface ne renseignent pas sur la structure interne de la Terre, les géophysiciens les ont étudiées en détail, car elles représentent l'essentiel du risque dû aux tremblements de terre. Les connaissances accumulées se sont révélées précieuses dans… l'industrie. Ainsi, le mouvement très particulier d'une surface en présence d'une onde de Rayleigh a donné une nouvelle idée de moteur aux ingénieurs japonais. Rapide et précis, bien adapté aux petits mouvements, celui-ci est notamment utilisé au sein des objectifs d'appareils photographiques. La pièce à mouvoir est déposée sur une céramique piézo-électrique, un matériau qui se déforme sous l'effet d'une tension électrique. Lorsqu'on soumet une céramique fixe à une fréquence électrique supérieure à 20 kilohertz, des ondes de Rayleigh s'y propagent, faisant onduler la surface. Soulevée sur les « sommets de vague », la pièce mobile se déplace avec eux, tandis que la matière arrondie du sommet « roule » vers l'arrière. À l'arrêt du courant, la céramique s'aplatit instantanément et le frottement entre pièces fige le mouvement. Dommage que les ondes de Rayleigh détruisent nos maisons, au lieu de simplement les déplacer à la surface de la Terre !

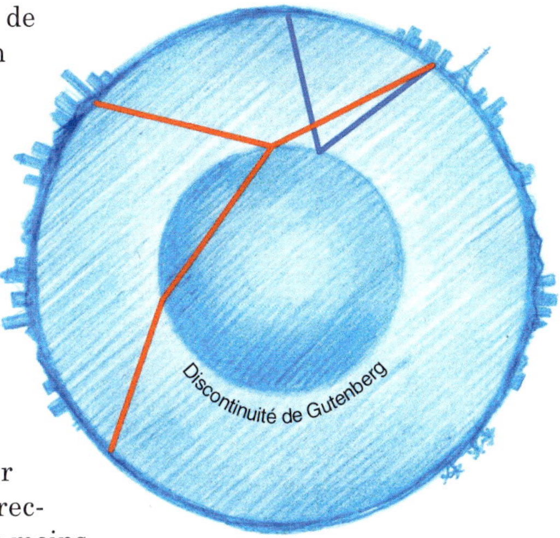

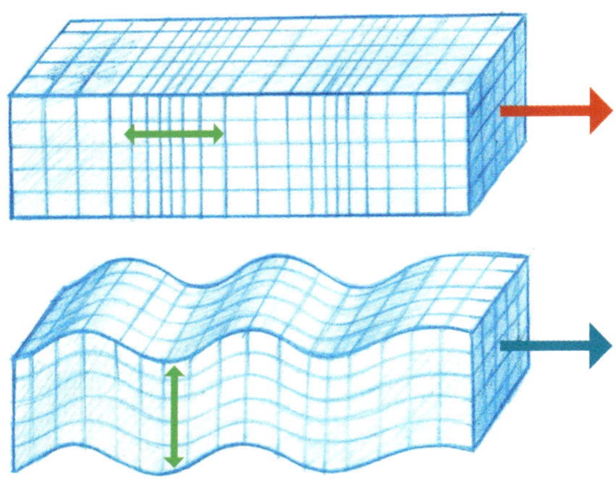

3. Deux types d'ondes sismiques se propagent au sein de la Terre : les ondes de compression *(en rouge)* et les ondes de cisaillement *(en bleu)*. Tandis que les premières se propagent au sein du noyau liquide de notre planète, les secondes sont réfléchies à sa surface.

La mémoire magnétique des pierres

Certains matériaux conservent, en se refroidissant, la mémoire du champ magnétique ambiant : cette information stockée permet de dater les laves terrestres.

Les archéologues lisent la mémoire magnétique de briques cuites il y a des millénaires et les géologues décryptent l'empreinte laissée par le champ magnétique terrestre dans des laves vieilles de millions d'années. La physique de l'enregistrement magnétique explique l'exceptionnelle longévité de ces mémoires de pierre et celle d'un nouveau support d'enregistrement, les mémoires magnéto-optiques.

Pour réaliser un enregistrement magnétique, il faut un matériau susceptible de s'aimanter de façon durable et stable. Curieusement, de tels matériaux sont très rares alors qu'à l'échelle microscopique, les circonstances semblent favoriser l'apparition d'une aimantation. Chaque électron est individuellement une petite boussole ; en outre, il tourne autour du noyau de l'atome et crée une boucle de courant analogue à un aimant. Dans la majorité des corps, cependant, les aimants élémentaires d'une molécule donnée se compensent exactement en vertu du principe d'exclusion de Pauli : à chaque électron tournant dans un sens est apparié un électron tournant dans l'autre. Ainsi, l'eau, tout comme le verre ou le bois, sont quasiment insensibles à la présence d'un champ magnétique.

Champ coercitif

Seuls quelques corps, tels l'aluminium ou l'oxygène, présentent une aimantation à l'échelle microscopique : ce sont les corps paramagnétiques. Ces composés s'aimantent légèrement sous l'effet d'un champ magnétique intense, car celui-ci oriente selon une même direction les boussoles moléculaires comme il oriente, à notre échelle, les aiguilles aimantées. La somme de ces petits aimants crée alors une aimantation macroscopique le long de la direction du champ. Toutefois, celle-ci disparaît dès que l'on supprime le champ magnétique, car l'agitation thermique entraîne des collisions qui ont tôt fait de redonner des orientations aléatoires aux aimants microscopiques.

Heureusement pour l'enregistrement magnétique, il y a quelques exceptions, tels les oxydes de fer. Dotés d'une aimantation à l'échelle microscopique, ces oxydes ont une propriété supplémentaire : les

1. Lors de l'enregistrement, on applique un champ magnétique à un support d'enregistrement contenant des grains d'un matériau ferromagnétique. Dans une mémoire magnéto-optique, le champ magnétique créé par la tête d'écriture ne peut changer seul l'aimantation du support *(a)*. Lorsque celui-ci est chauffé, l'agitation thermique brise les interactions entre aimants élémentaires et le champ extérieur crée une faible aimantation *(b)*. Lorsque la température redescend sous le point de Curie, le support acquiert une forte aimantation dans la direction du champ magnétique *(c)*.

électrons d'atomes voisins dans la structure cristalline ont des interactions électrostatiques si fortes qu'elles alignent les aimants élémentaires selon une direction commune en dépit de l'agitation thermique. Les oxydes de fer partagent cette propriété avec d'autres substances « ferromagnétiques » comme l'acier ou les alliages à base de nickel. En leur sein, l'alignement des aimants élémentaires s'établit de proche en proche à l'échelle d'un grain cristallin. Pour enregistrer une information dans un tel matériau ferromagnétique, on l'aimante en le plaçant dans un champ intense. Les aimantations de tous les grains qui le composent basculent alors dans le sens du champ ; cela donne une aimantation macroscopique persistante lorsque l'on supprime le champ magnétique. Cette « aimantation rémanente » est très stable et peu sensible aux petites perturbations magnétiques. Seul un champ magnétique intense et de sens opposé la modifie. Le champ minimal capable d'annuler l'aimantation d'un corps ferromagnétique est le champ coercitif.

Les supports d'enregistrement magnétiques que sont les bandes, disques durs et autres disquettes, sont composés d'une fine couche de matériau ferromagnétique déposée sur un substrat non magnétique. Ce matériau ferromagnétique a un champ coercitif suffisamment faible pour que le champ magnétique créé par la tête d'écriture change son aimantation. On lit l'information inscrite par l'intermédiaire du courant électrique induit, dans la tête de lecture, par le défilement des zones aimantées. Pour conserver son aimantation, le matériau doit posséder un champ coercitif de l'ordre de 0,1 tesla, supérieur au champ magnétique terrestre (50 microteslas) et aux champs parasites usuels tel celui créé par un appareil électrique (un millitesla pour un sèche-cheveux).

Le rôle de la température de Curie

Certaines roches contiennent des composés ferromagnétiques (les oxydes de fer, magnétite ou hématite) qui s'aimantent sous l'effet d'un champ magnétique. Leur champ coercitif étant très supérieur au champ magnétique terrestre, ce dernier ne les aimante pas, sauf quand la température du matériau est plus importante. On sait, grâce à Pierre Curie (1859-1906), que le ferromagnétisme d'un corps s'amenuise quand on le chauffe, jusqu'à disparaître. Au-dessus d'une température dénommée point de Curie, l'agitation thermique prend le dessus sur les interactions entre atomes voisins, de sorte que le matériau devient paramagnétique, donc incapable de fixer l'aimantation. Les points de Curie de la magnétite et de l'hématite valent respectivement 575 °C et 675 °C, des températures élevées, mais inférieures au point de fusion de tels corps.

Ainsi, quand la roche d'une coulée de lave commence à se solidifier, les petits grains de magnétite qu'elle contient sont paramagnétiques. Le champ terrestre leur confère une petite aimantation commune, qui, une fois la température repassée sous le point de Curie, amorce et dirige la croissance et l'alignement des aimantations de chaque grain. Parvenue à la température ambiante, la lave chargée en magnétite est dotée d'une aimantation forte et stable. Elle conserve ainsi l'empreinte du champ magnétique qui régnait lors de sa formation. Grâce à cette information, les géophysiciens suivent l'évolution du champ magnétique terrestre ainsi que les déplacements des pôles magnétiques au cours des quatre derniers millions d'années. Ils ont mis en évidence plusieurs inversions de ces pôles durant cette période. Ils mesurent aussi de cette façon la vitesse de création du plancher océanique de part et d'autre des rides médio-océaniques par où monte la lave issue du manteau.

L'aimantation de ces roches est effacée et une nouvelle information (c'est-à-dire une nouvelle aimantation) inscrite quand la roche est portée au-dessus de la température de Curie. C'est ce qui se passe avec les grains de magnétite que l'on trouve dans les briques ou les céramiques. Ces briques transmettent la mémoire du champ magnétique terrestre qui régnait lors de leur dernière cuisson. Or, l'évolution de ce champ est connue pour les deux derniers millénaires, ce qui rend possible la datation par archéomagnétisme des objets.

Ce mode d'enregistrement se retrouve aujourd'hui dans un nouveau type de mémoire apparue depuis que l'on sait réaliser des alliages à base de terbium, de cobalt et de ferrite, dont la température de Curie est relativement basse (environ 200 °C) et

2. Le champ magnétique terrestre aimante les laves qui refroidissent. Les géologues ont reconstitué son histoire au cours des âges en mesurant l'aimantation des laves anciennes et établi qu'il s'est inversé quatre fois au cours des quatre derniers millions d'années.

le champ coercitif à température ambiante élevé. Dans ces mémoires « magnéto-optiques », le support d'enregistrement est chauffé au-dessus de la température de Curie par le faisceau d'un laser de faible puissance (quelques milliwatts). Un champ magnétique faible suffit alors à aimanter la zone chauffée et la taille de la zone aimantée n'est plus, comme dans le passé, celle de l'électroaimant qui écrit, mais celle du spot laser, beaucoup plus petit. Cela explique l'énorme capacité de stockage des mémoires magnéto-optiques. Toutefois, seuls les archéologues du futur pourront dire si ces supports auront la mémoire aussi longue que les roches volcaniques.

NOAA Photo Library

Boucliers magnétiques

Le futur réacteur ITER et les ceintures de Van Allen dans la haute atmosphère confinent les particules chargées au moyen de champs magnétiques.

Chaque seconde, des milliards de particules se ruent à grande vitesse sur notre planète ; heureusement, un bouclier qui n'est pas matériel, mais magnétique, nous protège de ce bombardement. Sur Terre, des milliards de particules tout aussi énergétiques constituent les plasmas à 300 millions de degrés des réacteurs à fusion contrôlée ; ces plasmas, qui détruiraient toute paroi matérielle, sont aussi confinés par un bouclier magnétique. Comment ?

Les ceintures de Van Allen

Le champ magnétique terrestre dévie et canalise les électrons, protons et autres particules rapides provenant de l'espace. Sans cette protection contre les rayons cosmiques, la vie sur Terre ne pourrait exister. Ainsi, une énorme quantité de charges est enfermée au sein des ceintures de Van Allen, de vastes zones en forme de bourrelets situées à plusieurs rayons terrestres de la Terre au niveau de l'équateur. Au sein de ces zones, les particules se répartissent différemment en fonction de leurs énergies, de leur masse et de leurs charges, mais accomplissent toutes des mouvements similaires.

Analysons leur trajectoire en suivant un électron se déplaçant à 30 000 kilomètres par seconde. Son mouvement, apparemment complexe, se décompose en trois mouvements effectués à des rythmes différents. En une fraction de milliseconde, l'électron parcourt un cercle dont le rayon vaut un demi-kilomètre. Le centre du cercle parcouru par l'électron accomplit toutes les six secondes un aller et retour entre le pôle Nord et le pôle Sud. Enfin, l'arc sur lequel l'électron effectue son aller et retour se décale vers l'Est et effectue en trois jours le tour de la Terre.

Le mouvement circulaire rapide de l'électron est dû au champ magnétique terrestre. Celui-ci exerce sur l'électron une force proportionnelle à son intensité ainsi qu'à la charge et à la vitesse de l'électron. Cette force est perpendiculaire au champ magnétique et à la vitesse de l'électron : elle ne ralentit pas l'électron, mais courbe sa trajectoire d'autant plus que le champ magnétique est intense. Si la vitesse initiale est

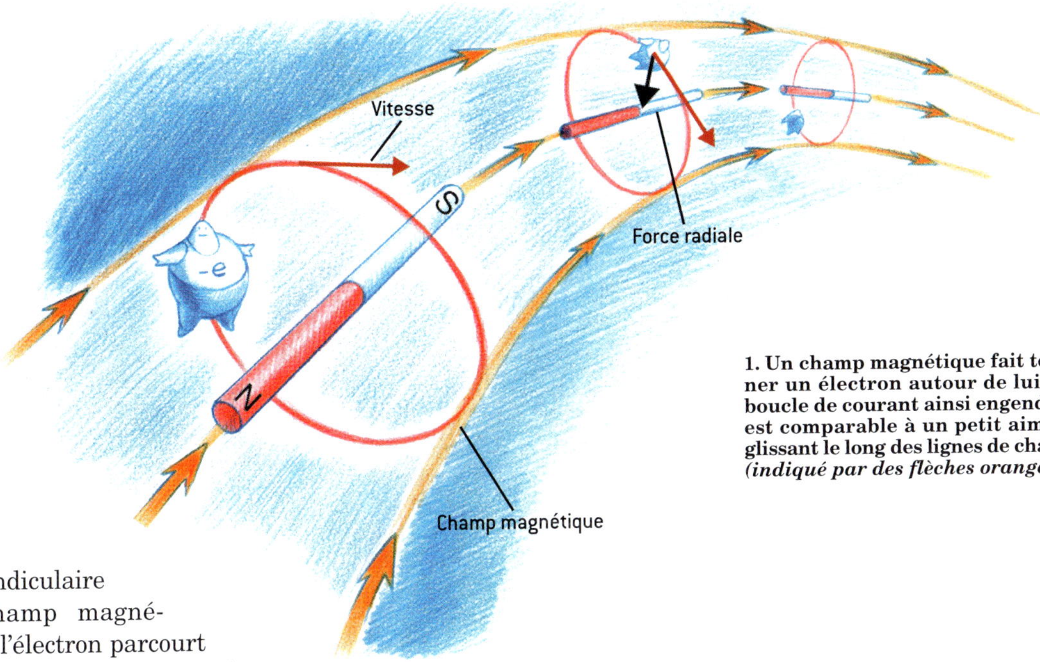

1. Un champ magnétique fait tourner un électron autour de lui. La boucle de courant ainsi engendrée est comparable à un petit aimant glissant le long des lignes de champ *(indiqué par des flèches orange)*.

perpendiculaire au champ magnétique, l'électron parcourt un cercle : à une altitude de 32 000 kilomètres (un peu plus de cinq rayons terrestres), là où le champ magnétique terrestre ne vaut plus que 10^{-7} tesla, un électron se déplaçant à 30 000 kilomètres par seconde parcourt un cercle d'un demi-kilomètre de rayon. Dans iter, le grand *Tokamak* qui doit être construit en France ou au Japon, le champ magnétique est en revanche ultra-intense, de l'ordre de cinq teslas, car il doit confiner le plasma dans un volume de quelques mètres cubes seulement. Les énergies des particules du plasma sont comparables à celle de l'électron d'origine cosmique pris en exemple précédemment ; celui-ci, dans ce champ magnétique, parcourt des cercles d'environ 50 micromètres de diamètre.

Le champ magnétique ne confine une particule chargée que dans le plan perpendiculaire à sa direction. S'il est uniforme, la particule peut s'échapper dans la direction du champ. Tel n'est pas le cas des charges piégées dans les ceintures de Van Allen, car le champ magnétique terrestre, semblable à celui d'un aimant, n'est pas uniforme. Une bonne solution pour analyser le comportement de l'électron dans le champ terrestre consiste à le représenter par son aimant équivalent. Le courant, dû au mouvement électronique circulaire, crée un électro-aimant naturel, que nous assimilerons à un petit barreau aimanté parallèle au champ. Le sens de rotation de l'électron sur son cercle détermine l'orientation Nord-Sud de cet aimant. À l'inverse d'une boussole, son pôle Sud pointe vers le pôle Sud magnétique de la Terre, c'est-à-dire vers son pôle Nord géographique. Le mouvement de notre électron modèle dans le champ magnétique terrestre est alors facile à décrire. L'aimant équivalent à la boucle électronique reste toujours parallèle au champ magnétique terrestre. Tel un anneau le long d'un fil, il suit les lignes de champ. Or, celles de la Terre sortent du pôle Sud magnétique (pôle Nord géographique) et s'incurvent jusqu'à revenir converger vers le pôle Nord magnétique. Lorsque l'électron arrive au pôle Nord géographique, le pôle Sud de son aimant équivalent et le pôle Sud de l'aimant Terre se font face, et donc se repoussent. L'électron rebrousse chemin jusqu'à l'autre pôle, où le même cas de figure se reproduit. Il effectue ainsi des allers et retours entre les deux pôles dans les plans méridiens, qui contiennent les lignes de champ.

Dérive magnétique

En général, le point de rebroussement se trouve à très haute altitude (de l'ordre de 300 kilomètres) et les électrons n'interagissent guère avec les molécules et les ions atmosphériques. Quand des anomalies du champ magnétique terrestre diminuent cette altitude, les électrons très énergétiques rencontrent les ions et les molécules de la haute atmosphère et leur cèdent de l'énergie. Cette énergie est réémise sous forme lumineuse : ce sont les aurores boréales.

Cet effet de miroir magnétique confine les particules issues des rayons cosmiques dans la troisième dimension. Sur le même principe, on a conçu des réacteurs à fusion contrôlée où le plasma est confiné entre les pôles d'un gigantesque entrefer. Cette configuration a été abandonnée pour une autre où les lignes de champ se referment sur elles-mêmes ! Créées par un bobinage

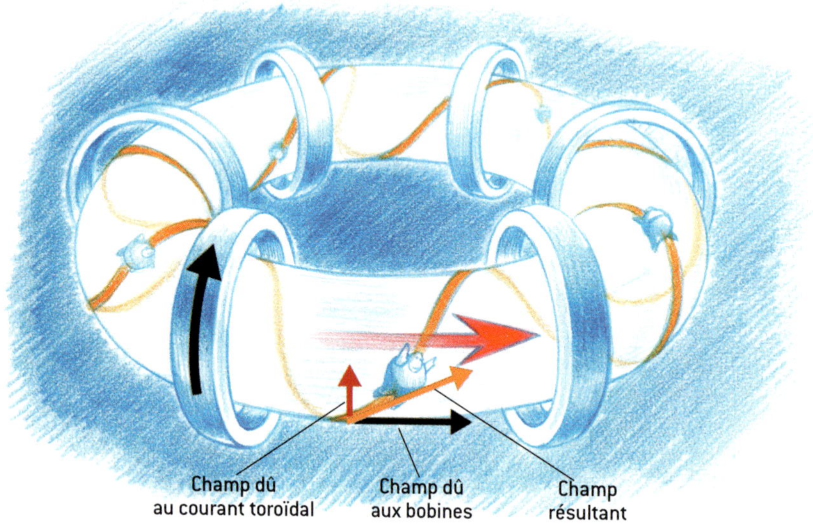

2. Dans un *Tokamak*, tel ITER, les particules chargées sont confinées à l'intérieur d'un tore. Elles s'enroulent autour de lignes de champ magnétique hélicoïdales, ce qui annule la dérive qu'elles subissent.

torique, les lignes de champ sont des cercles de même axe et sur lesquels les particules s'enroulent. C'est la solution choisie dans les *Tokamak*, notamment ITER.

Toutefois, les particules dérivent d'une ligne de champ à l'autre, ce qui les fait sortir du tore que forme le réacteur. Le même phénomène se produit dans le champ magnétique terrestre, qui diminue avec l'altitude. Au cours de son mouvement quasi circulaire, l'électron se rapproche et s'éloigne de la Terre. Lorsqu'il est plus proche de la Terre (il se dirige alors vers l'Ouest), le champ magnétique un peu plus intense courbe davantage sa trajectoire. Lorsqu'il en est plus éloigné (il se dirige alors vers l'Est), le champ plus faible la courbe moins. Cet effet minime déplace l'électron vers l'Est d'une ligne de champ à l'autre. Un second phénomène contribue à la dérive : la force centrifuge induite par la courbure des lignes de champ que suit l'électron entre les pôles. L'effet combiné de la force centrifuge et du champ magnétique engendre une dérive vers l'Est, qui induit un courant électrique tout autour de la Terre. Le champ magnétique supplémentaire créé par ce courant est très instable : quand il descend, il entraîne, comme nous l'avons vu, les particules chargées avec lui, ce qui engendre les aurores boréales et perturbe les télécommunications.

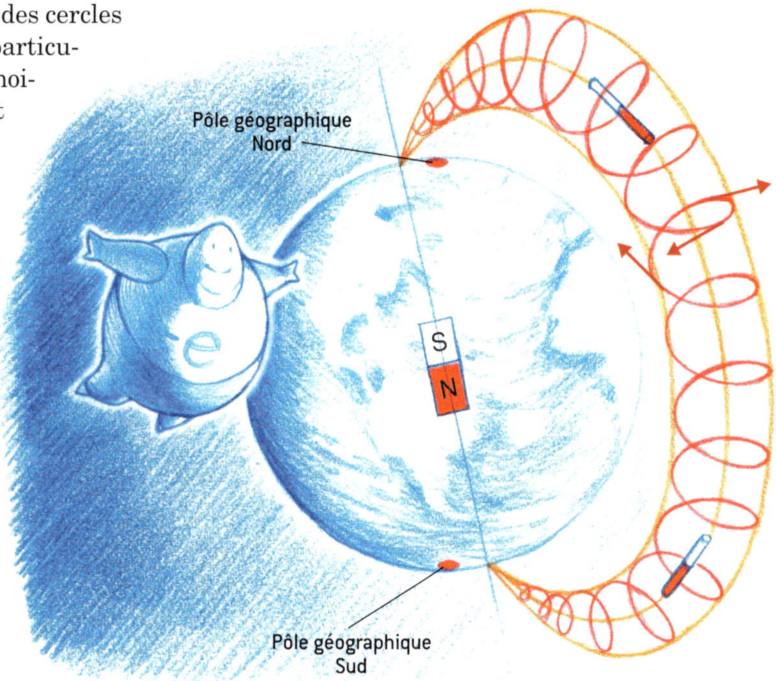

3. Les électrons sont canalisés par les lignes du champ magnétique terrestre qui sortent du pôle Nord et convergent au pôle Sud. Équivalent à un petit barreau aimanté, l'électron est repoussé par l'aimant terrestre chaque fois qu'il arrive à un pôle.

Dans les *Tokamak* et avec des lignes de champ toriques, la dérive, dirigée selon l'axe du tore (par exemple vers le haut), atteindrait quelques mètres par seconde, ce qui empêcherait le confinement. C'est pourquoi on donne aux lignes de champ la forme d'hélices enroulées sur des tores. Quand les particules se trouvent dans la partie supérieure d'un tore, la dérive les entraîne vers un tore plus grand. Le mouvement spiralant les ramène en bas de ce tore, où la dérive les fait remonter vers leur tore initial. La forme hélicoïdale des lignes de champ annule donc les effets cumulés de la dérive. On obtient un champ hélicoïdal torique à l'aide de bobines supplémentaires induisant un courant au sein du plasma.

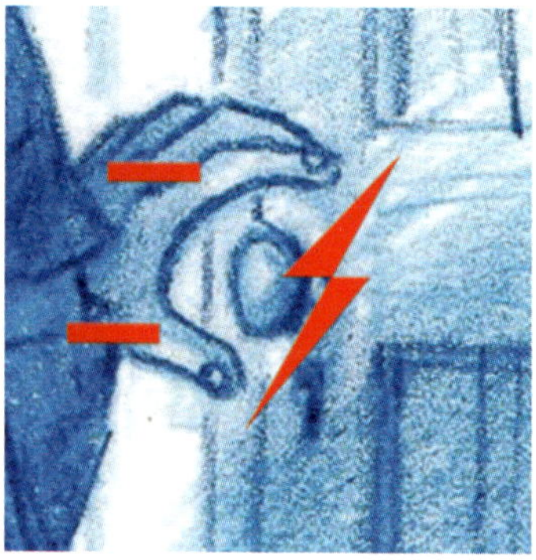

Coup de foudre chez soi

Mis en contact, des matériaux différents se chargent d'électricité statique. Ce phénomène amène des décharges électriques intempestives et désagréables, mais il a aussi son utilité.

Votre ami(e) vient d'arriver et, au moment de l'embrasser, vous subissez une petite décharge électrique avant même que vos lèvres ne touchent sa peau. Ne vous emballez pas, ce petit coup de foudre n'est pas le grand amour ! Il est la conséquence de l'électricité statique produite par contact ou frottement. Le phénomène est connu depuis le vie siècle avant notre ère : les Grecs avaient remarqué que l'ambre frotté avec de la soie attire de petits morceaux de paille.

L'électrisation par contact ne se réduit pas à des sensations désagréables ; elle a d'importantes applications, tel le procédé de photocopie. De ce petit effet grec est né le monde moderne régi par la fée électricité !

En quoi consiste le phénomène ? En marchant sur une moquette avec des chaussures de crêpe, nous récupérons à chaque pas des charges électriques, laissant derrière nous un sillage d'empreintes chargées *(voir la figure 1)*. La charge totale accumulée sur notre corps est en général assez faible, de l'ordre de 10^{-7} coulomb, soit 1 000 milliards de charges élémentaires. Néanmoins, cela suffit pour porter notre corps à un potentiel électrique allant de 1 500 volts par temps humide à 35 000 volts par temps sec.

Une question d'affinité...

Aussi, lorsqu'une partie de notre corps – une main par exemple – s'approche d'un objet conducteur de l'électricité, une étincelle jaillit. Dans le mince espace entre le conducteur et la main, le champ électrique a dépassé la tension de claquage de l'air, 3 000 volts par millimètre. Les molécules de l'air se sont ionisées et les ions se sont déplacés sous l'effet du champ, créant un courant électrique. Ce dernier peut atteindre quelques ampères pendant quelques milliardièmes de seconde. Si l'énergie libérée est faible et sans danger pour nous (l'effet est toutefois désagréable), elle peut être fatale à des composants électroniques.

Le phénomène responsable de cette accumulation de charges se nomme triboélectricité, du grec *tribein*, « frotter ». Quelle est sa cause ? Les atomes sont neutres, la charge positive du noyau étant compensée par la charge négative du cortège d'électrons ; ils ont toutefois,

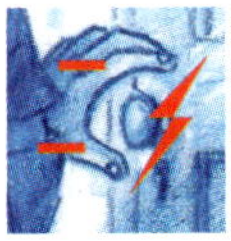

selon leur nature, une plus ou moins grande affinité avec les électrons. L'oxygène, par exemple, capte facilement des électrons, tandis que le calcium tend à les céder. À l'échelle macroscopique, les défauts, les impuretés et les particularités de la structure des matériaux compliquent la situation. Cependant, les différences d'affinité pour les électrons persistent et le transfert de charges entre deux matériaux mis en contact est un phénomène universel.

En frottant des substances différentes les unes sur les autres, on peut classer les matériaux par ordre d'affinité croissante pour les

1. En marchant, le simple contact avec le sol entraîne un transfert de charges électriques entre le sol et le corps. La charge totale accumulée suffit parfois à déclencher une petite étincelle entre le corps et un objet conducteur, si leur écartement est assez faible.

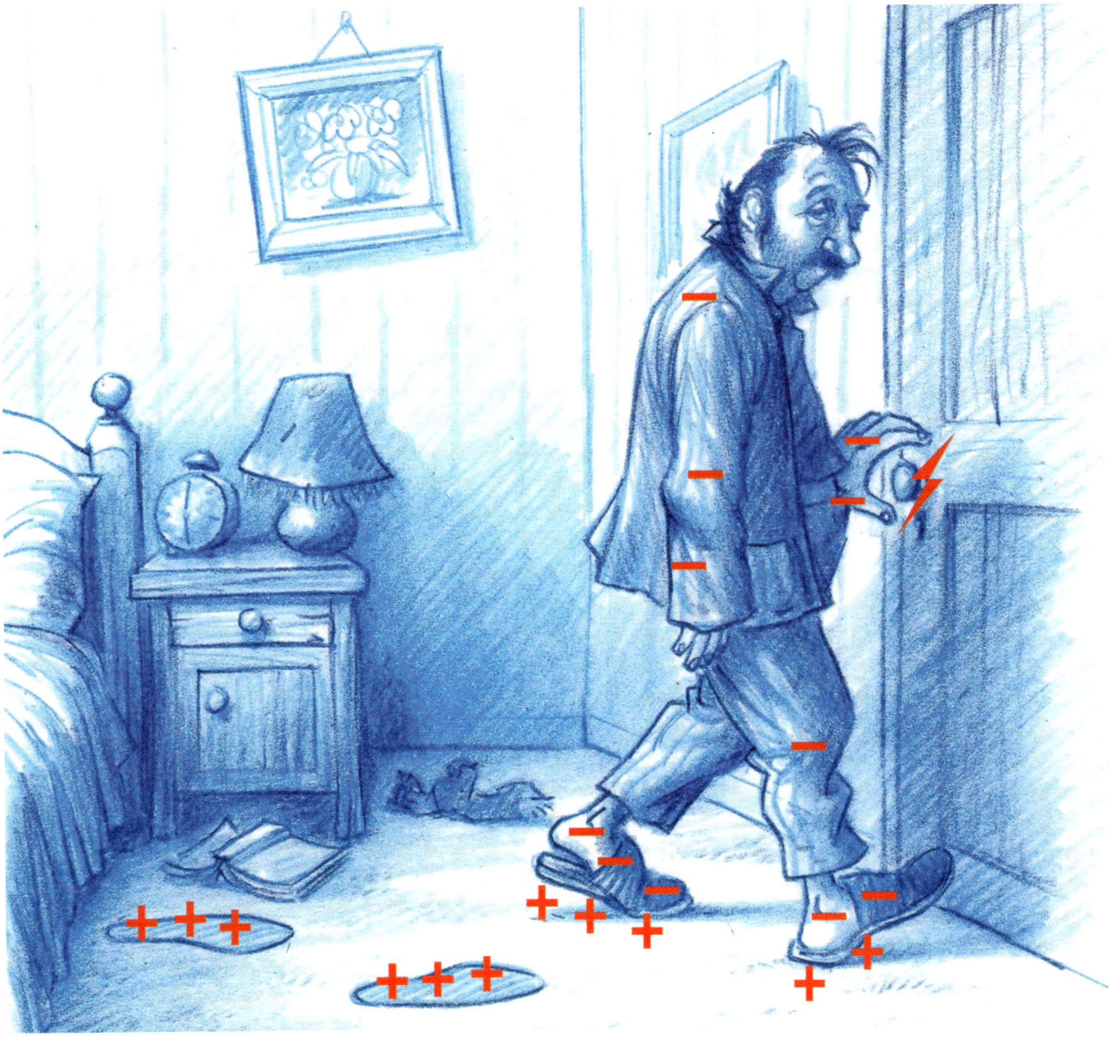

électrons, ce qui donne : fourrure, verre, mica, laine, quartz, ambre, caoutchouc, celluloïd, etc. Ces tables ne sont pas à prendre au pied de la lettre, car elles dépendent beaucoup de l'état des surfaces, de l'humidité ou du frottement.

Le frottement n'est pas nécessaire pour qu'il y ait transfert de charge, le seul contact suffit. Par exemple, lorsque nous ôtons le film protecteur d'un livre ou d'une boîte, nous constatons que le film est fortement attiré par la matière environnante : il s'est chargé spontanément alors qu'il était en contact étroit avec une autre surface, sans qu'il y ait eu friction, et le champ électrique qui en résulte explique l'adhérence.

2. Dans deux matériaux distincts, les niveaux d'énergie des électrons sont différents. Or les systèmes physiques tendent à minimiser leur énergie : le contact des deux matériaux induit donc un transfert d'électrons d'un matériau à l'autre, où l'énergie électronique est inférieure.

La charge ainsi acquise reste, en général, très petite : en raison des micro-aspérités, l'aire réelle de contact de deux matériaux est très faible par rapport à la superficie apparente. On l'augmente en appuyant fortement les deux corps l'un contre l'autre, mais aussi en les frottant ; cela modifie et renouvelle sans cesse les points de contact, où les charges sont transférées. La superficie réelle de contact augmente alors considérablement, ce qui accroît d'autant la charge accumulée.

Lors du contact, ce sont souvent les électrons, plus mobiles que les ions, qui se déplacent. Ils quittent un corps pour un autre afin d'abaisser leur énergie *(voir la figure 2)*. Cependant, au cours du transfert, la différence de charges entre les deux surfaces crée une différence de potentiel croissante, qui s'oppose au mouvement des charges et finit par compenser la différence d'énergie initiale : le transfert s'arrête alors de lui-même.

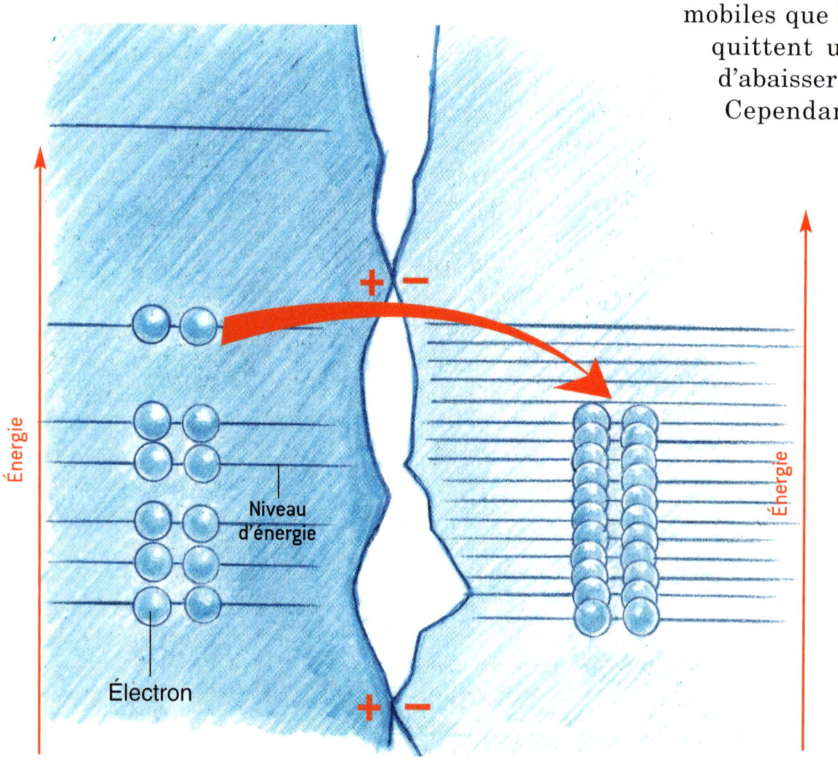

Pendant l'électrisation, les charges sont localisées près des points de contact. Une fois les matériaux écartés, elles peuvent se répartir sur tout l'objet lorsque celui-ci ou sa surface conduisent l'électricité. Pour un matériau isolant, en revanche, les charges restent là où elles sont apparues. La charge totale déposée est alors comprise entre 10^{-11} et 10^{-9} coulomb par millimètre carré, soit de l'ordre de 100 millions à 10 milliards de charges élémentaires par millimètre carré. Le nombre d'atomes sur un millimètre carré valant quelque 10 000 milliards, cela fait, au plus, une charge élémentaire pour 1 000 atomes.

À quoi sert l'électrisation par contact? À charger des particules trop petites pour être contrôlées par des méthodes mécaniques. La photocopie en est une première illustration. L'encre ou « toner » des photocopieurs est une poudre de minuscules particules de polymère (dix micromètres de diamètre) pigmentées. Celles-ci se chargent électriquement par brassage mécanique avec des microbilles. Les forces électrostatiques maintiennent les particules du toner sur ces billes porteuses, puis les fixent sur la surface chargée du matériau photoconducteur qui porte, sous forme électrostatique, l'empreinte du document à reproduire *(voir la figure 3)*.

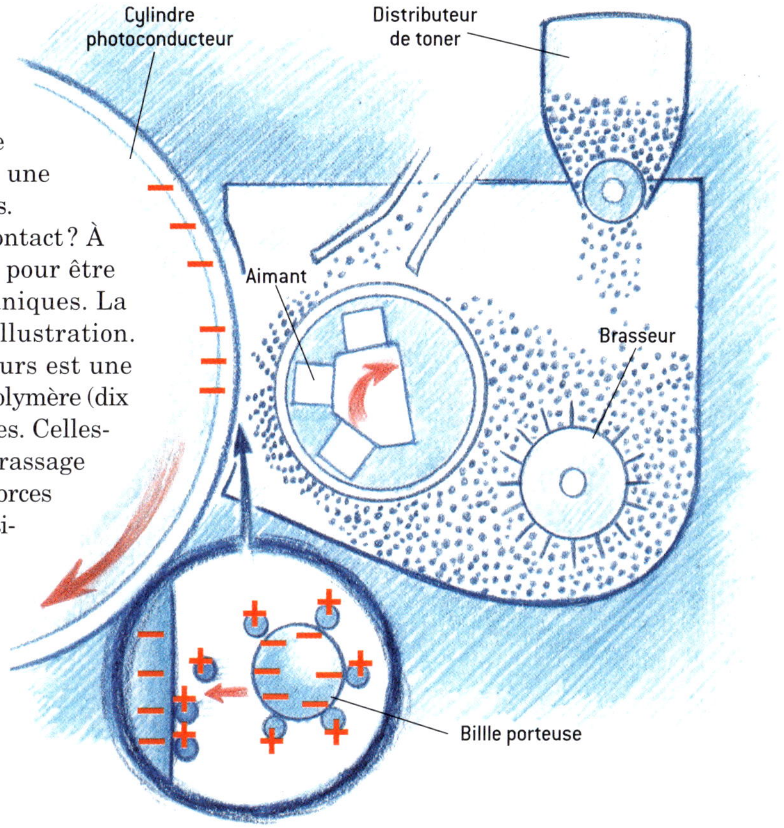

Photocopies ou sondes spatiales

Autre application: le filtrage des fumées industrielles, dont la fine suie encrasse les microfiltres. En faisant passer les produits de la combustion entre des plaques faiblement espacées, les particules de suie heurtent les plaques. Ces particules se chargent, ce qui permet de les capturer grâce à un simple champ électrique, et même de les trier (la suie de carbone se charge du signe opposé à celui des poussières minérales).

Enfin, la triboélectricité est une préoccupation pour les futures missions spatiales vers Mars: les poussières planétaires se chargent au contact des sondes et y adhèrent. Comment éviter que leur accumulation n'opacifie les panneaux solaires? Un nettoyage mécanique étant délicat, une des solutions proposées est de choisir le matériau de surface de façon que toutes les poussières acquièrent une charge de même signe. En électrisant ensuite le panneau avec la même polarité, ces poussières seront repoussées.

3. Dans un photocopieur, de petites billes sont brassées avec les microparticules du toner. Le brassage électrise, par contact, les particules qui se collent ensuite les unes aux autres. Les assemblages bille-microparticules sont entraînés par des aimants pour venir au contact de la surface photoconductrice d'un cylindre *(à gauche)*, où l'image du document à reproduire a imprimé sa marque sous la forme de charges électriques de signe opposé à celui des microparticules de toner. Celles-ci se fixent alors et noircissent la surface du cylindre aux endroits préalablement chargés.

G. Courty

Centrifugeons le café turc !

Dans un fluide, les particules suffisamment petites restent en suspension. Pour les forcer à sédimenter, on peut augmenter artificiellement la gravité au moyen d'une centrifugation.

Comment séparer d'un fluide de petites particules en suspension ? Les amateurs de café turc vous répondront qu'il suffit de patienter quelques instants, ce qu'ils font lorsque leur boisson est servie. Les grains de café finement moulu retombent lentement au fond de la tasse sous l'effet de la pesanteur. Toutefois, lorsque les particules sont très petites, elles restent indéfiniment en suspension… Pourquoi ? Et comment y remédier ?

Examinons le comportement de particules immergées dans un liquide en fonction de leur taille. Dans une tasse de café, un grain subit de la part de l'eau environnante deux forces : la poussée d'Archimède et une force de frottement opposée à sa vitesse. La pression d'un liquide augmente avec la profondeur, donc les diverses surfaces d'un objet immergé sont soumises à une force d'autant plus grande qu'elles sont plus basses. Au total, l'objet immergé subit une force dirigée vers le haut, la poussée d'Archimède, égale au poids du volume de liquide déplacé. Les graines de café entières flottent, car elles sont moins denses que l'eau : le café torréfié est un matériau poreux qui contient beaucoup d'air (50 pour cent environ). Lorsqu'il est moulu assez fin, presque tous les pores débouchent dans l'eau et se remplissent. Le café devient alors un peu plus dense que l'eau : la poussée d'Archimède ne compense plus qu'environ 80 pour cent du poids de la particule de café et celle-ci coule.

La chute des corps contrariée…

La force de frottement est due à la viscosité du fluide. Les grains étant petits et peu rapides, l'écoulement du fluide autour du grain n'est pas turbulent. Dans ce type d'écoulement, de faible vitesse, la force de frottement est proportionnelle à la vitesse du grain et à son diamètre. Soumis à son poids (diminué de la poussée d'Archimède), le grain chute ; sa vitesse augmente jusqu'à ce que la force de frottement devienne égale et opposée au poids. Celui-ci étant proportionnel au volume du grain et la friction étant proportionnelle à son diamètre, la vitesse limite de chute est proportion-

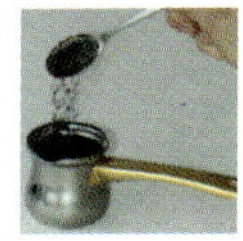

nelle au carré du diamètre du grain. Ainsi, plus le grain est fin, moins il sédimente vite.

Dans le café grossièrement moulu, les grains, de un millimètre de diamètre environ, sédimentent à une vitesse de dix centimètres par seconde. Seule une forte agitation (à la cuillère !) peut maintenir ce café en suspension dans l'eau plus de quelques secondes. D'un diamètre de 0,2 millimètre, les grains de café turc sédimentent à une vitesse de quelques millimètres par seconde. Qu'en est-il pour nos globules rouges, d'un diamètre de quelques micromètres ? Le même calcul que

1. Dans une tasse de café, la poussée d'Archimède *(en rouge)* ne compense pas entièrement le poids *(en noir)* des grains, et ceux-ci tombent vers le fond d'autant plus lentement qu'ils sont fins, en subissant de la part de l'eau une force de frottement *(en vert)*. Quand on agite le liquide, avec une cuillère ou en tremblant, le mouvement est communiqué par viscosité aux grains, qui se dispersent à nouveau dans le liquide.

pour les grains de café (et qui suppose les particules sphériques) donne une vitesse de sédimentation de quatre millimètres par heure, chiffre proche des valeurs dites normales en hématologie (dix millimètres la première heure).

La patience ne suffit pas à l'amateur de café turc, il lui faut aussi du calme. Si la boisson est agitée, les grains se disperseront à nouveau. En raison de la viscosité, un mouvement du fluide entraîne partiellement les grains malgré la gravité, et cela d'autant mieux que les particules sont plus petites. L'amateur de café turc doit ainsi patienter quelques minutes avant de le déguster, en attendant que le fluide s'immobilise. Le même phénomène est responsable de la dispersion du pollen dans l'atmosphère. L'air est 1 000 fois moins dense que l'eau et 55 fois moins visqueux. À taille égale de particules, la sédimentation est donc beaucoup plus rapide dans l'air. Cependant, les grains de pollen sont bien plus petits que ceux du café moulu et, tout compte fait, sédimentent à une vitesse du même ordre de grandeur : ils atteignent le sol en quelques dizaines de secondes. Mais le moindre vent légèrement ascendant peut les garder en suspension, ce qui suffit pour transporter des grains de pollen – ou des polluants – à des centaines de kilomètres de distance et à 2 000 mètres d'altitude !

... par le mouvement brownien

Si le repos du fluide est indispensable pour sédimenter de petites particules, un repos absolu est-il possible ? En 1828, le botaniste écossais Robert Brown observait au microscope des grains de pollen en suspension dans l'eau. Il constata qu'ils se déplacent en permanence de façon désordonnée. La clef du phénomène, comme l'a montré Einstein en 1905, est la nature discontinue de la matière, constituée de molécules et d'atomes qui bougent sans cesse sous l'effet de l'agitation thermique. Le déséquilibre des chocs des molécules de fluide contre le grain le propulse tantôt dans une direction, tantôt dans une autre. La particule se déplace alors selon un mouvement aléatoire, nommé mouvement brownien, qui contrecarre la sédimentation.

Dans un milieu de température uniforme, toutes les particules, microscopiques ou macroscopiques, ont en moyenne la même énergie cinétique, proportionnelle à la température. Cette énergie permet aux particules de remonter et favorise leur dispersion dans le fluide. Jusqu'à quelle altitude remontent les particules ? En écrivant que l'énergie potentielle acquise est égale à l'énergie cinétique initiale (proportionnelle à la température), on trouve que la hauteur caractéristique

est égale au quotient de l'énergie cinétique par le poids de la particule. Pour les grains de café dans l'eau, elle est inférieure à la taille d'un atome : ils restent donc bien au fond de la tasse. Pour les globules rouges, cette hauteur atteint quelques micromètres ; mais pour un autre composant de notre sang, l'albumine (une protéine), elle est de quelques mètres. Enfin, le même calcul indique que les molécules de l'atmosphère s'étalent sur une hauteur d'environ huit kilomètres – c'est bien ce que l'on observe.

Si le mouvement brownien ne joue aucun rôle pour notre café turc, il permet aux protéines de rester en suspension dans le plasma sanguin sans sédimenter. Comment récupérer ces macromolécules ? Comme la hauteur caractéristique diminue avec le poids, il suffit d'augmenter ce dernier pour forcer la sédimentation. Avec une centrifugeuse, rien n'est plus simple : la rotation induit une pseudo-gravité, d'accélération égale au produit du carré de la vitesse de rotation par le rayon. On obtient aisément des forces 100 000 fois supérieures au poids (30 000 tours par minute à dix centimètres). Les macromolécules se concentrent alors au fond du tube centrifugé. Vous voyez ce qu'il reste à faire si votre café est trop finement moulu : centrifugez-le !

2. Le mouvement brownien des grains, dû aux multiples chocs qu'ils subissent de la part des molécules *(en bleu)* du liquide environnant, contrarie le processus de sédimentation sous l'effet de la pesanteur. Aussi, à l'équilibre, les grains se distribuent sur une hauteur d'autant plus grande qu'ils sont légers. Cette hauteur est artificiellement réduite par une centrifugation, qui augmente la force de « chute ».

Lacroix-Ruggieri

300 étoiles d'artifice

Pour écrire dans le ciel, les artificiers forment des lettres en miniature au sein de leurs bombes à l'aide de petites sphères de poudre mélangées de sels.

Vingt-cinq ans de *Pour la Science* ! Pour fêter dignement le trois centième numéro de la revue, le professeur Furlong et le docteur Minot ont été chargés d'écrire « 300 » en lettres de feu dans le ciel. Nos deux héros ont étudié comment propulser des engins d'artifice susceptibles d'y dessiner les chiffres 3 0 0. Leurs essais les ont convaincus que la pyrotechnie est un art subtil… qu'il faut laisser aux hommes de l'art. Toutefois, ils sont ravis d'avoir découvert les utilisations de la combustion par les pyrotechniciens. Suivons-les pour comprendre comment les artificiers conçoivent et emploient leurs bombes.

La propulsion

Au cours du spectacle, un artificier envoie dans le ciel de nombreuses bombes, qui y dispersent une multitude de particules scintillantes. Nos confrères ont opté pour des bombes cylindriques d'un diamètre de 15 centimètres : la charge d'un kilogramme qu'elles emportent « assurera le spectacle ». De telles bombes doivent être expédiées à 240 mètres de hauteur afin : 1) d'être visibles et 2) que le public ne coure aucun danger. Les artificiers les envoient à cette altitude à l'aide de mortiers, sorte de cylindre de carton épais d'un mètre de longueur, qu'ils plantent verticalement dans le sol. Quand la « chasse » explose – c'est ainsi qu'ils nomment la charge propulsive –, le reste de la bombe sort du mortier à grande vitesse. Dans le cas des bombes choisies par nos amis, la vitesse initiale nécessaire pour atteindre l'altitude requise est de 100 mètres par seconde (70 mètres par seconde suffiraient en l'absence de friction).

Quelle est la composition de la chasse ? Depuis la Chine antique, elle est faite de « poudre noire », un mélange solide de 75 pour cent de salpêtre (KNO_3), de 15 pour cent de charbon et de 10 pour cent de soufre. La combustion de la poudre noire se fait sans oxygène, car c'est le salpêtre qui joue le rôle du comburant ; la température de 2500 à 3500 degrés des gaz dégagés la range dans la catégorie des « déflagrations » (les combustions dont la vitesse de flamme est supérieure à un mètre par seconde).

Furlong et Minot ont d'abord pensé calculer la masse de poudre nécessaire en évaluant la chaleur dégagée par la combustion chimique

de la poudre noire. Ils ont établi que chaque gramme de poudre produit 1 360 joules sous forme de chaleur lorsqu'il brûle. Ainsi, si toute l'énergie de la combustion était transformée en énergie cinétique, quatre grammes de poudre suffiraient à eux seuls pour produire les quelque 5 000 joules d'énergie cinétique nécessaire. Est-ce plausible ? Nos confrères ont estimé que quatre grammes propulseront difficilement une bombe de un kilo… C'est que la majeure partie de l'énergie de combustion de la poudre est perdue. Quelle est alors la masse utile ?

1. Un mortier d'artificier expédie une bombe d'un kilogramme à 240 mètres de hauteur, lui conférant une vitesse initiale de 100 mètres par seconde.

Nos deux confrères ont interrogé un professionnel qui a estimé qu'il ne fallait pas moins de 200 grammes de poudre pour expédier leur bombe à la hauteur voulue. Une telle masse libère 272 kilojoules, soit plus de 50 fois plus que l'énergie cinétique minimale nécessaire. Ainsi, seulement deux pour cent de l'énergie libérée par la combustion sont réellement utiles.

Dès lors, comment estimer correctement la masse de poudre nécessaire ? Furlong et Minot ont alors tenté de la déduire du mécanisme de propulsion. La force propulsive résulte des gaz chauds dégagés par la combustion. Puisque le volume est limité dans le mortier, la production du gaz y crée une surpression qui pousse la charge vers le haut. Cette poussée dure tant que la pression au sein du tube demeure supérieure à une atmosphère (la pression extérieure). Ainsi, pour qu'une poussée subsiste tout au long de la course dans le cylindre, un volume de gaz au moins égal à celui du tube doit être produit. Or, à la pression atmosphérique, le volume de gaz chaud dégagé par la combustion d'un gramme de poudre est d'environ un tiers de litre. Le volume du mortier est d'environ 17 litres. Nos confrères en ont conclu qu'au moins… 60 grammes de poudre sont nécessaires pour accélérer la bombe pendant un mètre.

Votre raisonnement est bon, mais il vous manque une information, leur a dit l'homme de l'art qu'ils ont alors interrogé : les pyrotechniciens laissent toujours un jeu d'un centimètre entre la périphérie de la bombe et le diamètre intérieur du mortier. Ils le font pour exclure tout accident, tel le blocage de la bombe dans le tube et aussi pour épargner le mortier. Dans ces conditions, les fuites de gaz et donc d'énergie sont énormes. Beaucoup moins confinés, les gaz engendrés par la déflagration montent beaucoup moins en pression. Il faut donc en produire plus pour compenser. Au final, pas moins de 200 grammes de poudre sont nécessaires.

La « pratique », leur a aussi confié le pyrotechnicien, recèle encore nombre d'autres « détails essentiels ». Pour préserver le carton du mortier, il faut aussi éviter une trop grande pression dans le tube. Lors de la déflagration, la pression dans un mortier d'artificier monte jusqu'à cinq atmosphères, mais elle ne doit pas excéder cette valeur.

L'idéal pour la limiter, est d'« étaler » la combustion de la chasse sur toute la durée de la propulsion. On minimise de cette façon la quantité de gaz à produire en début de course, quand le volume disponible est réduit par la présence de la charge au fond du mortier.

La composition de la poudre

Les pyrotechniciens réalisent cet ajustement en jouant sur la composition de la poudre et sur sa granularité. La combustion se produit à la surface des grains de poudre. Elle est donc d'autant plus intense et rapide que cette surface est grande, c'est-à-dire que les grains sont fins. Les chasseurs de l'ancien temps le savaient bien, eux qui fabriquaient eux-mêmes leurs munitions. Selon la nature de la balle, ils employaient des poudres de granularités différentes. Malheur à celui qui utilisait une poudre trop fine avec un projectile trop lourd : une combustion trop rapide dans un volume réduit par l'inertie de la balle pouvait faire exploser le canon!

Un autre détail pratique est qu'il faut aussi allumer la charge quand la bombe atteint son apogée, trois secondes et demie après son départ. Les pyrotechniciens amorcent la charge en même temps qu'ils allument la chasse. Cylindre de poudre tassée, l'amorce brûle lentement faisant le même office qu'une mèche de pétard. Sa longueur est choisie pour que la charge s'allume à la bonne hauteur.

Ces « détails » règlent la question de la balistique. Reste la charge, dont l'artificier a bien voulu expliquer la composition : elle est composée d'un ensemble de petites sphères de quelques millimètres de diamètre dispersées à l'intérieur d'une charge de poudre noire. Leurs couleurs, leur a-t-il expliqué, dépendent de la composition chimique des étoiles. Pour du vert, on utilise des sels de baryum ; les sels de strontium sont pour le bleu et ceux de cuivre pour le rouge.

2. Les artificiers écrivent dans leurs bombes ce qu'ils veulent écrire dans le ciel. Ce chiffre est fait de petites boules de poudre et de sels.

Quand la mèche de retardement met feu à la poudre de la charge, celle-ci déflagre, ce qui enflamme les sphères qu'elle contient : les « étoiles ». Cette fois, la déflagration a lieu dans un espace réduit, au sein de l'enveloppe de la bombe. Les gaz produits font éclater l'enveloppe et se dilatent dans l'air, entraînant avec eux les étoiles. L'explosion finale provoque une dispersion d'ensemble qui conserve la disposition relative des étoiles.

Nos confrères ont alors compris qu'il fallait exploiter cette propriété pour dessiner 300 dans le ciel! Confirmant leur déduction, l'artificier leur a expliqué que deux types de bombes, l'un oriental, l'autre occidental, sont utilisées. En Orient, les bombes sont sphériques et les étoiles sont disposées en couches concentriques. Pour cette raison, elles se retrou-

vent sur des sphères concentriques dont le rayon augmente pendant l'explosion *(voir la photo à côté du titre)*. En mélangeant des étoiles actives et des inactives (leur présence est nécessaire pour que la bombe reste équilibrée), les artificiers orientaux créent des formes dans l'espace. Avant la maîtrise des couleurs artificielles, les Japonais utilisaient si bien le mélange d'étoiles actives et inactives, qu'ils parvenaient à dessiner des formes simples dans le ciel, tels un cœur ou un papillon.

En Occident, les artificiers emploient des bombes cylindriques, où, le plus souvent, ils déversent les étoiles en vrac de façon à produire des gerbes colorées irrégulières. Toutefois, il leur est aussi possible d'arranger les étoiles avec soin afin de former des figures. Le chiffre « 3 » par exemple ainsi que les chiffres « 0 » et « 0 » peuvent être conformés à partir d'étoiles. Au sein de la bombe, ces chiffres ne mesurent que quelques centimètres, mais ils s'agrandissent jusqu'à mesurer des dizaines de mètres après l'explosion de la charge.

3. La figure créée par l'artificier n'est réussie que s'il oriente bien les éléments qui la composent. Il lui faut pour cela stabiliser le vol des bombes et prévoir avec exactitude l'instant de leur explosion.

L'orientation des bombes

Nos confrères pensaient enfin tout savoir, mais leur interlocuteur leur avait gardé un dernier « détail essentiel » issu de la « pratique ». Encore faut-il orienter correctement la bombe lors de son lancement de sorte que le 3, par exemple, s'écrive « la tête en haut » et face au public ! L'homme de l'art leur a alors expliqué comment son confrère Lacroix-Ruggieri maîtrisa ce problème pour écrire 2000 dans le ciel lors des festivités du millénaire. Quatre « bombes à chiffre » furent utilisées ce jour-là. Pour accroître leur stabilité, les hommes de Lacroix-Ruggieri avaient décalé leurs centres de gravité vers le haut. Ainsi, elles se comportèrent comme des flèches que l'on tire à la verticale. Toutefois, pour les stabiliser encore plus, le pyrotechnicien les a aussi mises en rotation pendant le tir. Il avait mesuré leur vitesse de rotation en vol au cours des essais. Jouant sur la chasse et l'amorce, il a finalement ajusté leur durée de vol pour que les quatre explosions aient lieu en même temps et à la bonne orientation. Pour les « étoiles », son choix s'est porté ce jour-là sur des particules de titane d'un diamètre de 500 micromètres, qui, brûlant dans l'air, écrivirent le chiffre 2000 d'une belle écriture brillante dans le ciel de Paris.

Tant de nouveaux « détails essentiels » à maîtriser ! Le professeur Furlong et le docteur Minot en sont encore éberlués, mais pas découragés pour autant. C'est décidé, en 2027, quand la revue fêtera son six centième numéro, ils auront effectué tous les calculs et réalisé toutes les mesures nécessaires pour écrire *Pour la Science* dans le ciel en lettres de feu !

Axel Rouvin

La force qui colle

Les forces de Van der Waals sont à l'œuvre au moindre contact. Elles expliquent notamment l'étonnante adhérence du gecko.

Au IVe siècle avant notre ère, Aristote s'étonnait déjà de la façon de courir du gecko « vers le haut ou le bas d'un arbre, même avec la tête en bas ». L'adhérence de ce lézard tropical intrigue les spécialistes des reptiles depuis longtemps. S'explique-t-elle par des ventouses ? Par une glu ? Des biomécaniciens ont montré que la conformation des écailles digitales du lézard accroît l'effet des forces de Van der Waals qui s'exercent entre ses doigts et ce qu'il touche.

Dès la fin du XIXe siècle, le Hollandais Johannes Van der Waals pressentit que des forces s'exercent entre molécules, même quand elles sont neutres. Ses compatriotes Petrus Debye et Wilhelm Keesom et l'Américain Fritz London montrèrent qu'elles résultent de la polarisation de la matière.

Mettons en évidence le phénomène de polarisation par une expérience. Quand nous avons frotté une règle en plastique avec un chiffon de laine, elle attire un bout d'aluminium ou de papier. Arrachant des électrons à la laine, la règle s'est chargée négativement. Pourquoi la feuille d'aluminium neutre est-elle attirée ? Matériau conducteur, elle renferme des électrons libres. La règle chargée s'approchant, ils sont repoussés : une charge positive apparaît dans la région de l'aluminium proche de la règle tandis que des charges négatives s'accumulent dans les zones éloignées. Le brin est « polarisé ». Comme le champ électrique créé par la règle décroît avec la distance, la zone proche positive est fortement attirée tandis que les zones éloignées négatives sont faiblement repoussées. La force résultante est attractive et dirigée vers la région de champ fort.

La matière polarisée

Dans le cas du papier, un isolant, le même phénomène se produit à l'échelle moléculaire. Deux situations se présentent selon la nature des molécules d'isolant. Quand la répartition de charges d'une molécule neutre est symétrique, les électrons du nuage électronique se déplacent dans le sens opposé du champ. Cette déformation du nuage électronique polarise la molécule, créant un « dipôle moléculaire

induit ». Quand la répartition des charges est dissymétrique, la molécule est « polaire » comme la molécule d'eau où l'oxygène tire à lui les électrons engagés dans les liaisons qui le lient aux hydrogènes : tout se passe donc comme si l'oxygène portait une petite charge négative et chaque hydrogène la charge opposée. Un champ électrique a deux effets sur une molécule polaire : il la fait pivoter jusqu'à ce que son dipôle s'aligne dans le sens du champ ; puis il l'attire vers les régions de champ fort.

Un champ électrique agit sur une molécule neutre et une molécule neutre crée aussi un champ électrique. Pour les molécules polaires, le champ résulte de l'addition de tous les champs électriques créés par les charges séparées de la molécule. Le champ électrique engendré par les molécules non polaires, tel le dioxygène, est d'origine plus subtile. Comme le stipule la théorie quantique, la position des électrons d'une molécule fluctue en permanence. À notre échelle de temps, l'ensemble des mouvements prend l'apparence d'un nuage électronique flou et symétrique. En réalité, à l'échelle de temps des phénomènes électroniques, le champ électrique instantané des dipôles que les électrons forment avec les noyaux n'est pas nul. Ce champ agit sur les autres molécules comme celui d'une molécule polaire.

Ainsi, les forces de Van der Waals ne sont rien d'autres que les forces électrostatiques qu'exercent les molécules neutres les unes sur les autres.

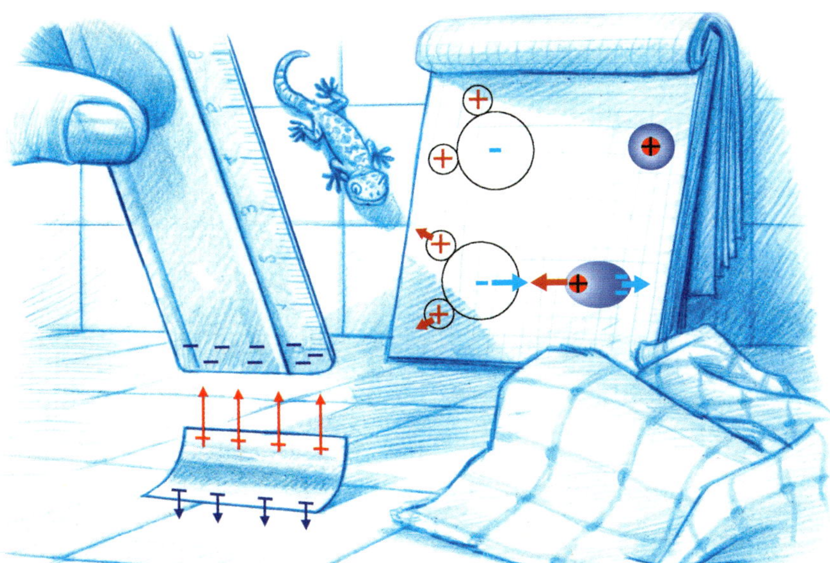

1. La polarisation d'une feuille d'aluminium *(à gauche)* ou d'une molécule *(à droite)* se produit en présence d'un champ électrique.

Ces forces à courte distance résultent des interactions entre deux sortes de dipôles électriques moléculaires : les « dipôles induits » des molécules polarisables et les dipôles permanents des molécules polaires.

Peu intenses, les forces de Van der Waals sont toujours attractives et à courte portée. Elles sont présentes en chaque point de contact entre objets chaque fois qu'une molécule se retrouve en présence d'une autre. Quand la surface de contact entre les deux corps est grande, elles s'additionnent en une force non négligeable, voire conséquente quand le contact est intime. Ainsi, il est très difficile de séparer deux plaques d'acier ou de verre que l'on a soigneusement polies avant de les poser l'une sur l'autre. L'adhésion due aux forces de Van der Waals est en revanche très faible entre deux corps rugueux, car leur surface de contact réel est trop petite.

Les forces de Van der Waals se manifestent à notre échelle sur de petits corps, telles les poussières. Trop légères pour que leurs poids les détachent d'une paroi, ces particules collent aux meubles, jusqu'à ce qu'un plumeau les fasse voler. Quand elles collent à la surface des circuits intégrés, elles y font d'énormes défauts qui sont le cauchemar des fabricants de semi-conducteurs. Les ingénieurs de la NASA se demandent comment débarrasser des poussières les panneaux solaires des véhicules d'exploration de « Mars la poussiéreuse ».

Les spécificités du gecko

Manifestement, un gecko est plus gros qu'une poussière. Comment les forces de Van der Waals expliquent-elles son adhérence ? Kellar Autumn, professeur de biomécanique de l'Université d'Oregon, et son équipe ont élucidé le mystère en étudiant la morphologie des extrémités de ce lézard : ses cinq doigts griffus sont recouverts de lamelles, lesquelles portent de fines soies, 500 000 par patte ! Ces soies sont, à leur tour, recouvertes d'environ 1 000 *spatulae*, de courts filaments dont l'extrémité arrondie est large d'environ 0,2 micromètre. Ces filaments font que la surface de contact entre l'extrémité et la patte, et donc la force de Van der Waals, est très importante. Pour évaluer cette force d'adhésion, modélisons le contact entre une *spatula* et une paroi en imaginant une boule au contact d'une paroi. Un calcul approché indique que la force de Van der Waals qui s'exerce entre boule et paroi croît comme le rayon que multiplie un facteur proche de 0,2 newton par mètre. Ainsi, l'attraction entre chaque *spatula* et une paroi est de l'ordre de 0,02 micronewton. La multiplication de cette force par le nombre de *spatulae* produit une force d'adhésion de près de 40 newtons, suffisante pour soulever quatre

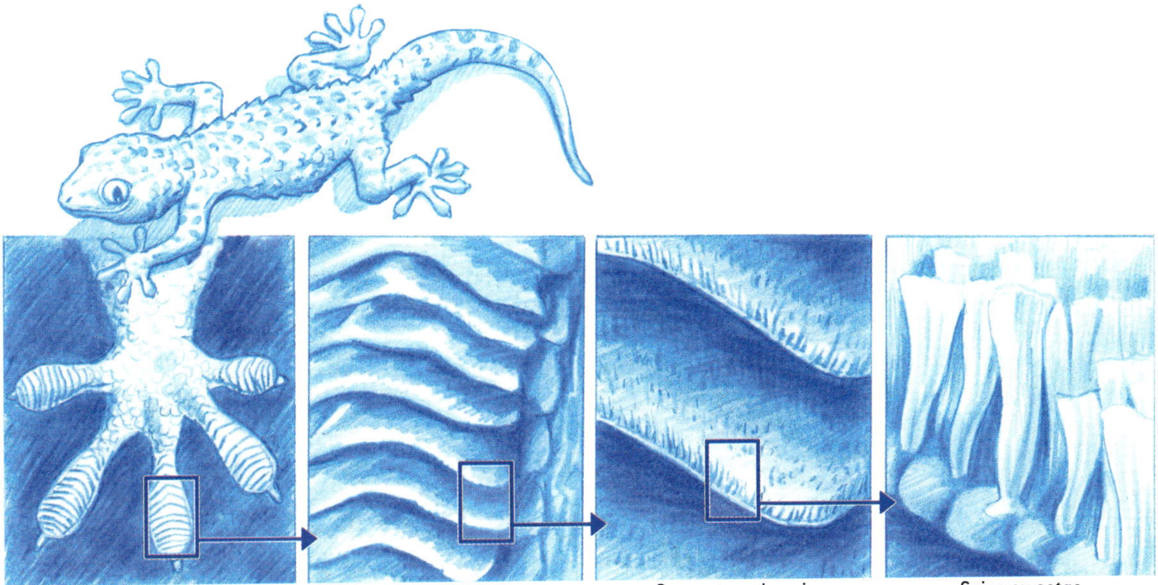

2. **Les millions de soies à l'extrémité des pattes du gecko font que l'aire de contact des doigts sur le support est grande, et les forces de Van der Waals suffisamment importantes pour contrecarrer l'action de la pesanteur.**

kilogrammes. Or, un gecko léopard, par exemple, ne pèse guère plus de 60 grammes.

Grâce à ses pattes super adhérentes et son faible poids, un gecko escalade et dévale les parois, marche au plafond, se déplace de feuille en feuille, etc. Il est cependant une matière sur laquelle, malgré tous ses efforts, il glisse : le téflon. Élaboré pour empêcher l'adhérence des mets à la poêle, le téflon est un polymère du tétrafluoroéthylène particulièrement peu polaire et difficilement polarisable. Insensible au champ des autres molécules, ne créant aucun champ électrique, le téflon rend négligeables les forces de Van der Waals à sa surface. Remarquons que cette caractéristique devrait le rendre inutilisable comme revêtement : si cet antiadhésif ne colle pas aux aliments, il ne colle pas plus au métal de la poêle. Les fabricants ont contourné cette difficulté en le faisant fondre pour le déposer sur une surface métallique très rugueuse. Ainsi, le téflon n'adhère pas, mais prend en masse dans les nombreuses anfractuosités qu'il vient d'envahir. Une ruse que le gecko ne peut employer !

Le gecko est déjà imité par les hommes : les ingénieurs de la Société *iRobot* (Massachusetts) mettent actuellement au point une patte artificielle de gecko destinée à équiper un petit robot capable de se déplacer sur les parois. Si la patte imitée « colle » comme son modèle, ses performances sont menacées par la… poussière. En effet, les ingénieurs ont découvert que la patte du vrai gecko possède une autre propriété mystérieuse : elle est autonettoyante. Faisant marcher l'animal dans du talc, ils ont constaté que ses pattes redevenaient propres en quelques pas. Pourtant, elles ne sont pas en téflon…

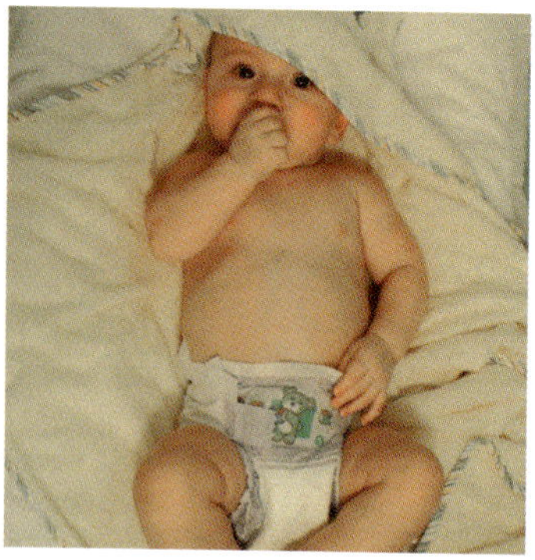

G. Courty

Pièges à eau

Les meilleurs pièges à humidité (utilisés pour les couches-culottes !) sont ceux qui offrent une surface et une avidité maximales pour les molécules d'eau.

L'eau, c'est la vie, mais ses effets peuvent pourrir la vie. Elle s'infiltre dans les fondations des maisons, se condense sur les parois ou dans les locaux fermés, etc., commettant d'irréparables outrages. Et les bébés mouillés réveillent leurs parents. Comment se débarrasser de l'eau ? Avec des absorbants d'humidité ! Avec l'eau, tout est superficiel : les meilleurs absorbants d'humidité sont ceux qui offrent la plus grande surface de contact et qui ont la « plus grande soif ».

La capillarité

De nos années passées sur les bancs de l'école, nous avons gardé le souvenir amusé de l'avidité des buvards. N'est-ce pas là une bonne méthode pour piéger l'eau ? Elle est en effet efficace, car elle exploite la capillarité. Au XVIIIe siècle, le médecin anglais James Jurin analyse le phénomène de capillarité en plongeant des capillaires (tubes fins) dans l'eau. L'eau présente une grande affinité pour le verre propre : elle « mouille » sa surface au maximum, cherchant à la recouvrir entièrement. La gravité qui la retient vers le bas l'empêche de monter jusqu'au sommet du capillaire. Ainsi, l'eau s'élève-t-elle dans le capillaire à une hauteur inversement proportionnelle au rayon de celui-ci. Elle monte par exemple à 14 millimètres dans un tube d'un millimètre de rayon et à presque un mètre dans un tube d'un rayon de dix micromètres.

Revenons à notre papier buvard et aux tissus qui, comme lui, sont constitués d'un entrelacs de fibres de cellulose. Ces matériaux offrent à l'eau de nombreux interstices, où elle pénètre par capillarité. Lorsque nous les soulevons après qu'ils se sont imbibés, l'eau reste piégée entre les fibres. L'imbibition des éponges et des chiffons absorbants de nos cuisines relève du même principe, la capillarité.

Nous nous interrogeons alors : pourquoi l'eau mouille-t-elle si facilement les surfaces de nombreux matériaux ? Comme nous le savons, une molécule d'eau est constituée d'un oxygène et de deux hydrogènes qui mettent en commun quatre électrons. Toutefois, l'atome d'oxygène tire à soi cette « couverture électronique ». La molécule d'eau est globalement neutre, mais elle présente une « polarité », c'est-à-dire

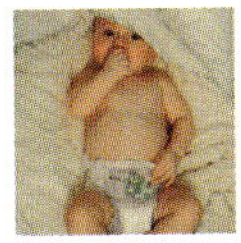

des excès de charges, négatives sur l'oxygène et positives sur les deux hydrogènes. Cette molécule dite polaire interagit fortement avec les molécules chargées ou polarisées : tandis que l'oxygène (négatif) recherche la compagnie des charges positives, les hydrogènes (positifs) recherchent celle des charges négatives. Ainsi, les molécules d'eau se fixent durablement sur toutes les parois constituées de molécules polaires ou électriquement chargées, c'est-à-dire sur un bon nombre d'entre elles… Ces considérations permettent à l'ingénieur d'augmenter l'efficacité des éponges et autres papiers absorbants.

Chlorure de calcium

Pour piéger l'eau, il faut lui présenter la surface la plus grande. Comment faire ? Nous plaçons souvent des dessiccants dans les armoires où nous rangeons des objets délicats, par exemple des appareils de mesure. Ces dispositifs déshydratants sont généralement composés d'un bac récepteur et d'une recharge contenant des cristaux de chlorure de calcium ($CaCl_2$). Mis en solution dans l'eau, ce sel se dissocie en anions calcium Ca^{++} et en cations chlorure Cl^- ; ceux-ci s'entourent de molécules d'eau, l'ion calcium attirant la partie oxygène de la molécule d'eau, l'ion chlorure, la partie hydrogène. Le même phénomène a lieu en présence des molécules d'eau de l'air ambiant : ainsi, le cation Ca^{++} et les deux anions Cl^- captent jusqu'à six molécules d'eau. Si l'humidité ambiante est grande, un gramme de chlorure de calcium « absorbe » jusqu'à un gramme d'eau. Dans la pratique, la capacité d'absorption des cristaux utilisés dans les sachets et dans les autres absorbeurs d'humidité est d'un demi-gramme d'eau par gramme, car le chlorure de calcium y est associé à d'autres composés indispensables au bon conditionnement. Grâce à cette capacité d'absorption, on contrôle l'humidité de l'air ambiant. À 20 °C, de l'air saturé (cent pour cent d'humidité) contient une dizaine de grammes d'eau par mètre cube. Dans un tel climat, un sachet de 100 grammes de chlorure de calcium suffit pour maintenir sèche une grande armoire (environ deux mètres cubes). La méthode n'a qu'un inconvénient : le chlorure de calcium absorbe tellement l'humidité, qu'il en devient déliquescent : il se transforme en une saumure peu esthétique dont il faut se débarrasser régulièrement.

1. Le papier absorbant de nos cuisines s'imbibe par capillarité : l'eau remonte entre les fibres de cellulose avant de se fixer à leurs surfaces.

Gel de silice

Si cette saumure ne nous convient pas, nous pouvons revenir à notre idée première et utiliser un matériau solide offrant une très grande surface à l'eau, comme des granules de « gel » de silice. Une molécule de silice est constituée d'un atome de silicium et de deux atomes d'oxygène (SiO_2). Le gel de silice est constitué de granules de quelques millimètres de diamètre, très poreux (un quart de leur volume est vide). Ce squelette de silice, obtenu par évaporation du solvant d'une suspension de silice (gélifiée) dans ce même solvant, a une masse volumique de seulement 0,7 gramme par centimètre cube.

Le vide interne de chaque grain est constitué par une multitude de pores interconnectés de taille « nanoscopique », formant une surface totale considérable. Ainsi, chaque gramme de gel de silice présente une surface interne de 700 mètres carrés et un volume interne de 0,35 centimètre cube. Au cours de la préparation du gel de silice, on fabrique de nombreux groupements polaires qui attirent l'eau.

La surface interne des grains de silice est donc « friande » d'eau. En se gorgeant, les pores de la silice fixent jusqu'à 0,35 gramme d'eau par gramme, soit un peu moins que le chlorure de calcium, mais sans l'inconvénient de la formation de saumure : même saturée d'eau, la silice reste sèche au toucher. Ces avantages expliquent que l'on en trouve partout, au sein des emballages d'appareils photographiques comme dans ceux des médicaments. Les déshydrateurs industriels qui fonctionnent par adsorption en contiennent aussi : l'air à traiter y est envoyé à travers le gel de silice où il abandonne sa vapeur d'eau. Pour faire « rendre son eau » au gel de silice, il suffit de le chauffer jusqu'à 130 °C. Ainsi, l'oxyde de silicium, l'un des minéraux les plus courants à la surface de la Terre, permet de produire un déshydratant d'usage non seulement universel, mais réversible !

2. Les molécules d'eau sont polarisées, ce qui leur donne de grandes affinités pour la plupart des molécules et donc des parois.

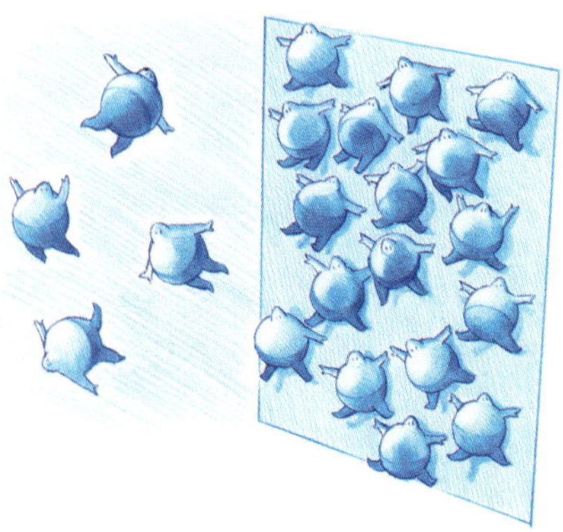

Est-il vraiment utilisé partout ? Les jeunes parents connaissent les réveils nocturnes résultant de l'irritation des fesses mouillées de bébé. Les couches contiennent-elles du gel de silice ? Non. Chaque miction représente environ 50 grammes de liquide et pour absorber les trois mictions de bébé, pas moins de 430 grammes de gel de silice seraient nécessaires. Or, nous savons que les couches de bonne qualité ne deviennent pas humides malgré leur finesse et qu'elles pèsent moins de 100 grammes ! Que contiennent-elles ?

De l'acide acrylique polymérisé, c'est-à-dire de longues chaînes dont chacun des maillons est une molécule d'acide acrylique. Sec, ce polymère a l'aspect d'un sel, car pour le produire, on doit notamment neutraliser l'acide acrylique avec de la soude ou de la potasse. De ce fait, le polymère contient de nombreux atomes

d'oxygène chargés négativement liés à des ions sodium ou potassium chargés positivement. En outre, les chaînes sont connectées par des liaisons moléculaires élaborées au moment de la préparation. Au final, ce polymère forme un réseau tridimensionnel comparable à des spaghettis reliés par un grand nombre de fils de fromage fondu.

Comment ce gel se comporte-t-il en présence d'eau ? Avec l'acide acrylique polymérisé, les physiciens pensent avoir réalisé une sorte d'« éponge ultime », dont les pores sont de taille moléculaire. En outre, puisque le réseau formé par les chaînes de ce polymère contient de nombreux cations de sodium et de potassium et de nombreux anions d'oxygène, il constitue un véritable « paradis » pour une molécule polaire comme l'eau. Une fois introduites dans le réseau, les molécules d'eau trouvent mille partenaires à qui se lier : tandis que certaines se rapprochent des ions d'oxygène négatifs, d'autres entourent les ions positifs (les hydratent). Ainsi partiellement libérés de l'attraction électrostatique des ions positifs, les ions d'oxygène négatifs se repoussent ; les chaînes du polymère se déplient et le volume du matériau augmente. Toutefois, les liaisons interchaînes sont suffisamment solides pour que le matériau gonfle sans se dissoudre : il ne donne pas la saumure exécrée. Les résultats obtenus grâce à l'acide acrylique polymérisé sont vertigineux : ce matériau absorbe de 500 à 3 000 fois sa masse d'eau distillée!

3. La masse de polyacide acrylique contenue dans une couche-culotte absorbe et y fixe jusqu'à un demi-litre d'eau. L'ajout de chlorure de sodium ou de tout autre sel en libère la plus grande partie.

Hélas, l'absorption est plus faible avec de l'eau salée ou de l'urine qui contiennent des ions. Ces derniers retiennent les molécules d'eau, contrecarrant ainsi l'attraction exercée par les ions qui se trouvent au sein du polymère. Pour cette raison, la masse de polymère absorbe seulement environ 30 fois sa masse. Une couche absorbe, par exemple, jusqu'à 500 grammes d'eau et la fixe si bien qu'elle y reste même si on comprime le polymère (bébé s'assoit).

Ce type de super absorbant n'est plus cantonné aujourd'hui aux couches-culottes ou aux serviettes hygiéniques. Coincé entre deux couches de tissus, il joue les déshydratants dans les barquettes alimentaires. Mélangé avec du caoutchouc, il donne un mortier d'étanchéité incroyablement efficace. Un tel mélange a par exemple été utilisé pour prévenir les infiltrations d'eau du tunnel sous la Manche. Si de l'eau parvient près du mortier, celui-ci gonfle, bouchant ainsi les fractures d'une barrière imperméable. Jamais, nous n'aurions imaginé un super absorbant capable de bloquer la Manche !

Les châteaux de sable humide

Le sable se comporte comme un liquide quand il est sec ; humide, c'est un curieux matériau de construction que l'on façonne à volonté. Le tasser est délicat, car il arrive que cela augmente son volume.

Août est là et le sable est propre, nettoyé par la mer… ou par les employés municipaux. Sur la plage, petits et grands se sont transformés en bâtisseurs. Pourquoi ne travaillent-ils que le sable humide ? À cause de la cohésion de ce merveilleux matériau de construction provisoire. Examinons les étonnantes particularités de cette cohésion pour le tasser au mieux et expliquer pourquoi nos châteaux tiennent mieux avec du sable mouillé à l'eau salée.

Laissons s'écouler une poignée de sable sec : il forme un monticule conique au sol. Si nous ajoutons une autre poignée, les grains ajoutés forment un petit ruisseau qui coule sur la pente du tas. Ces propriétés évoquent le comportement d'un liquide, mais le sable sec a aussi des propriétés de matériau solide : il supporte notre poids quand nous marchons sur la plage.

Pente critique

Cette dualité liquide-solide est le fait des matériaux granulaires, le gravier, le sucre en poudre, etc. Les grains de sable sont le produit quasi ultime de l'érosion des continents. Sur une plage, ils sont en silice cristallisée (quartz) et leur taille est comprise entre 20 micromètres et 2 millimètres.

Un tas de sable sec stabilisé ne s'écoule plus, car les frottements entre grains l'empêchent de s'effondrer sous son propre poids. Toutefois, dès que sa pente atteint une valeur critique, le sable redevient liquide en surface, anéantissant les espoirs des bâtisseurs. La situation d'un grain de sable est analogue à celle d'un galet posé sur un plan incliné. Tant que la pente est faible, le frottement du galet sur la planche le retient en place ; quand la pente est plus forte, le galet se met à rouler ou à glisser. À l'échelle d'un grain de sable individuel, la rugosité des autres grains à son contact peut sembler suffisante pour le maintenir coincé. Toutefois, chacun des grains pèse sur les grains voisins et il exerce des forces latérales qui tendent à faire dévaler les grains quand la pente est importante.

1. Les matériaux granulaires peuvent s'écouler comme des liquides et forment des tas coniques dont l'angle est voisin de 30 degrés.

Au-delà d'une pente critique, la structure du tas est instable : l'un des grains en surface du tas n'est plus suffisamment retenu par les autres, il dévale la pente, entraîne ses voisins dans sa chute, et déclenche une avalanche. Cette avalanche élimine les grains instables des zones de forte pente, laquelle repasse alors au-dessous de sa valeur critique, de l'ordre de 30 degrés. Ainsi, les sables marins érodés par le brassage des vagues sont constitués de grains plus ou moins ovoïdes, qui forment des talus moins inclinés que les sables moins usés et donc plus rugueux des fleuves.

Comment dépasser la pente critique ? Pour solidariser les grains, le plus simple est de les mouiller. En faible quantité, l'eau se loge dans les interstices les plus étroits entre grains ; en effet, des forces attractives à courte portée, nommées forces de Van der Waals, s'exercent entre les molécules d'eau, d'une part, et entre les molécules d'eau et les molécules de silice, d'autre part. Pour cette raison, l'eau tend à recouvrir au maximum la surface de silice tout en demeurant la plus compacte possible de sorte que la surface de contact avec l'air soit minimale. Ces deux effets conjugués expliquent non seulement la préférence des gouttes d'eau pour les interstices étroits, mais aussi la forme des « ponts d'eau » entre les grains. À la loupe, on observe qu'ils prennent la forme de minuscules tubes, aux bases larges en contact avec la silice et au ventre mince en contact avec l'air.

Ainsi les gouttelettes d'eau interstitielles sont autant de points de colle reliant souplement les grains. Pour préciser cette liaison, examinons le cas d'un grain grossièrement sphérique suspendu à l'un de ses semblables par un pont d'eau. L'eau de la goutte attire la silice et une force, dite capillaire, dirigée vers le haut, proportionnelle au rayon du grain sphérique, s'oppose à son poids dirigé vers le bas. Le poids est proportionnel au volume du grain donc au cube de son rayon et la force capillaire ne prend l'ascendant sur le poids que si le grain suspendu est assez petit (de taille inférieure au millimètre). Une bille en verre d'écolier ne pourra jamais être suspendue à une autre de cette façon. En revanche, chacun a constaté que quand il marche sur du sable sec avec les pieds mouillés, le sable s'y colle ; plus le sable est fin, plus il colle et plus il est difficile de s'en débarrasser.

L'art délicat de tasser le sable

2. La cohésion du sable humide résulte des ponts d'eau qui relient souplement les grains voisins.

La force capillaire explique pourquoi il faut mouiller le sable et le tasser pour bâtir un château de sable : l'humidité apporte le liant nécessaire, dont on accroît l'efficacité en multipliant, par tassement, les contacts entre grains. Toutefois, l'art de tasser est délicat : mal pratiqué, il risque d'augmenter le volume du sable au détriment de sa solidité. Comment est-ce possible ?

Les frottements entre grains s'opposent à ce qu'ils glissent les uns sur les autres. Lorsqu'on exerce une pression sur le sable, les grains, très solidaires, roulent et, par un effet d'engrenage, tout mouvement d'un grain se répercute de voisin en voisin. La pression exercée pour compacter les grains d'une zone peut avoir l'effet de désorganiser les zones voisines qui deviennent moins compactes.

L'expérience confirme qu'il en est ainsi. Avez-vous

3. Les grains du sable s'écartent autour de la zone comprimée par le pied, l'eau descend dans le volume ainsi libéré et la surface s'assèche.

remarqué les auréoles qui entourent vos pieds lorsque vous marchez sur une plage gorgée d'eau ? Faites de sable asséché, voire sec, ces auréoles disparaissent quand cesse la pression du pied. Explication : la pression que l'on exerce sur les grains a pour résultat de rendre moins compact le sable qui se trouve autour de l'empreinte du pied. En s'écartant, les grains créent des vides entre grains où l'eau s'engouffre, ce qui assèche le sable de la surface. Il est donc illusoire de tasser du sable en exerçant des pressions sur une zone limitée de sa surface. On résout cette difficulté du tassement en tapotant le sable. Les vibrations induites séparent brièvement les grains les uns des autres. Ne subissant plus de forces de frottement, les grains se réorganisent en s'imbriquant mieux, donc leur densité est plus grande.

Revenons à notre château. L'œuvre érigée et sculptée, nous quittons la plage avant que le sable ait séché. Laissée à sa destinée, et même en l'absence de ballon destructeur ou de vagues déferlantes, elle finit par s'écrouler, c'est-à-dire par s'écouler. Curieusement, si rien ne la touche, elle ne se défait qu'au bout de plusieurs mois ! Par quel prodige ? En s'évaporant, l'eau de mer laisse du sel qui cristallise et constitue des « ponts de sel » entre les grains. Les œuvres ainsi figées par le sel conservent leur forme. Ce même attachement explique que le sable collé à nos jambes ne tombe pas spontanément après séchage.

Hélas, ces œuvres demeurent fragiles. Au contraire de l'eau, le sel cristallin n'est pas un liquide et les ponts qu'il forme ne se reconstruisent jamais spontanément. Malgré le sel de la mer, tout retourne toujours en poussière.

G. Courty

Ça rebondit ou ça casse !

Le résultat d'un choc est un rebond, une déformation ou une fracture. Tout dépend de la structure intime des matériaux qui entrent en collision.

Ravi de sa nouvelle « superballe », l'enfant la projette avec force contre le mur de la cuisine. Le rebond est si surprenant qu'il ne peut rattraper la balle, laquelle s'éloigne à toute vitesse. Quel sera le résultat du prochain impact ? Un nouveau rebond, une vitre cassée, une boîte de conserve bosselée ?

Pour le prédire, il faut connaître le comportement microscopique des matériaux en jeu. Lors du choc, des forces intenses s'exercent entre la balle et l'obstacle et compriment la matière solide qui les compose. Que se passe-t-il à l'échelle microscopique ? Les solides sont formés d'atomes solidarisés par des interactions variées – des « liaisons ». Si les forces subies par les atomes sont faibles, ces liaisons se comportent comme de petits ressorts : elles s'étirent ou se compriment, et tendent à ramener les atomes à leurs positions initiales. Selon les matériaux, les liaisons sont plus ou moins fortes et plus ou moins nombreuses. Un matériau polymère tel que les caoutchoucs (naturels ou synthétiques) est constitué de longues chaînes d'atomes, dont chacune se comporte comme un élastique : elle s'étire et se comprime facilement. La cohésion du caoutchouc est assurée par les ponts moléculaires reliant les chaînes. Ces ponts étant peu nombreux, l'élasticité est conservée à notre échelle et le caoutchouc constitue un matériau de choix pour les superballes *(voir la figure 1)*.

Élastique comme la superballe

Lors de l'impact, à mesure que la superballe ralentit, les ressorts microscopiques se compriment et stockent l'énergie. Une fois la balle à l'arrêt, ces ressorts se détendent et l'accélèrent en sens inverse. Au cours de la collision, les contacts entre atomes non voisins sur une chaîne induisent une friction interne, qui dissipe une partie de l'énergie du choc sous forme de chaleur (agitation désordonnée des atomes). Pour les meilleurs caoutchoucs, la balle repart après le choc avec 90 pour cent de l'énergie qu'elle possédait auparavant. Les dix pour cent restants sont convertis en chaleur : lâchée d'une hauteur de deux mètres, la balle ne rebondit qu'à 1,80 mètre. L'énergie perdue dans ce

cas, près de deux joules par kilogramme de matière, élève la température de quelques centièmes de degré. Très faible, cet effet devient notable si les chocs se répètent ou si la balle est moins élastique. Les joueurs de squash en sont témoins : au bout de quelques minutes de jeu, leur balle tiédit et sa façon de rebondir change.

Si l'énergie de la collision est faible, tous les matériaux sont peu ou prou élastiques. Au-delà d'un certain seuil, les liaisons peuvent se rompre. Cette cassure ne se produit pas pendant la compression due au choc, mais pendant la décompression qui suit. En effet, les atomes ne s'interpénètrent presque pas, à cause de la répulsion entre leurs nuages électroniques. Même quand on presse fortement une paire d'atomes voisins, leur distance est peu modifiée. En cas de traction, en revanche, les atomes peuvent s'éloigner irréversiblement, ce qui brise la liaison. Ce constat à l'échelle microscopique ne se traduit pas immédiatement à notre échelle, même si chacun sait que des matériaux réputés fragiles (brique, verre, etc.) supportent des pressions élevées. La texture du matériau (homogène ou constitué de grains micrométriques) et la présence de défauts (cavités, inclusions, etc.) sont des facteurs importants. L'expérience indique cependant deux grandes classes de matériaux : les fragiles, qui se brisent comme le verre, et les ductiles, qui se déforment comme l'aluminium *(voir la figure 2)*.

Prenons l'exemple du verre. Sa rupture par un choc se produit selon des surfaces qui apparaissent lisses, comme clivées.

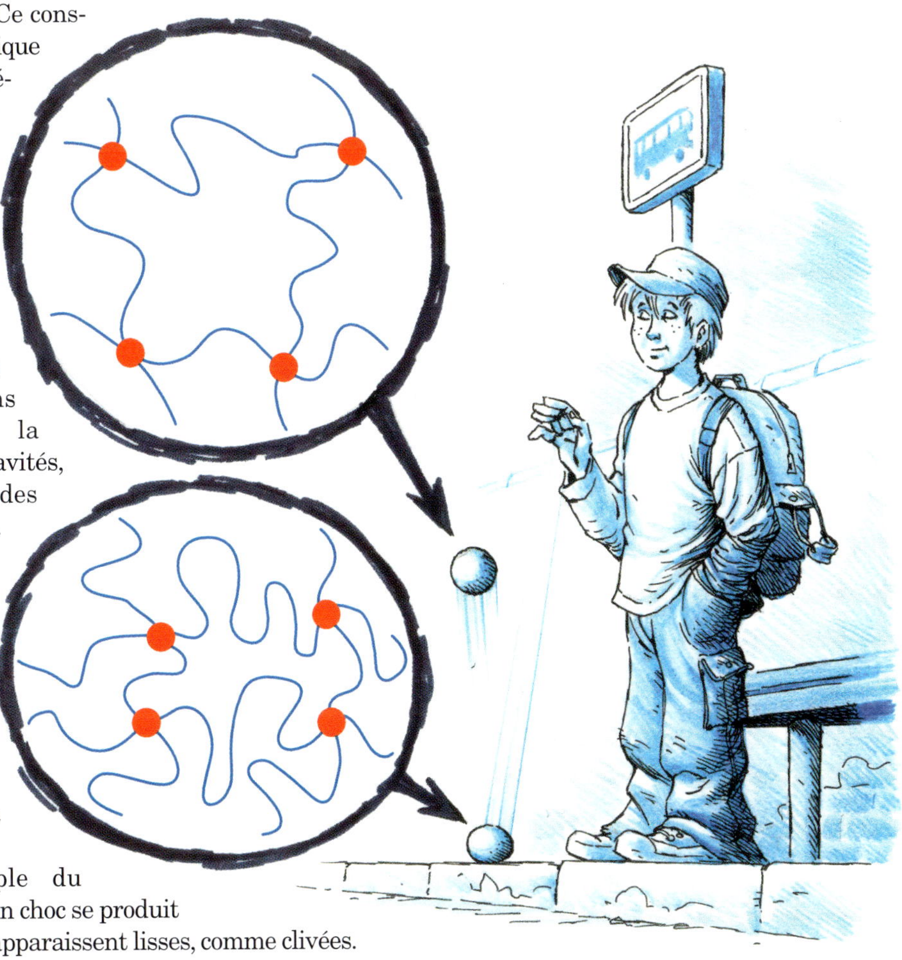

1. Les longues chaînes de polymère qui composent le caoutchouc sont élastiques. Tels des ressorts, elles se compriment au moment de l'impact et se détendent après. La cohésion du matériau est assurée par des liaisons chimiques qui relient les chaînes ; plus ces liaisons sont nombreuses, plus l'élasticité est réduite.

Ces surfaces étant régulières, le nombre de liaisons brisées est minime par rapport à la totalité des liaisons présentes dans le volume du matériau : la fracture du verre requiert donc peu d'énergie. C'est pourquoi une chute d'une faible hauteur suffit à briser un objet en verre. La fracture est facilitée si le verre a déjà subi des chocs. Ceux-ci créent des microfissures superficielles de quelques micromètres de diamètre qui servent d'amorces à des fissures plus importantes et plus profondes. Aussi le verre est-il beaucoup plus résistant immédiatement après sa fabrication qu'au bout d'un certain temps d'utilisation. *A contrario*, une bouteille dans laquelle on a préalablement secoué des cailloux est d'une fragilité extrême.

Fragile comme le verre, ductile comme l'aluminium

Le cas des métaux est très différent. Dans un métal, les électrons les plus externes des atomes sont presque libres. Ils forment une « mer » où baignent les ions positifs et qui assure au métal sa cohésion. Les métaux sont malléables, car la mer d'électrons, très mobile, s'adapte au réarrangement des ions lors d'un choc. Partant, les liaisons se déplacent au lieu de se briser. À notre échelle, le matériau est plastique : il ne casse pas, mais ne reprend pas sa forme initiale après l'impact. Comme le nombre de liaisons est presque inchangé, l'énergie mise en jeu dans de faibles déformations est notablement inférieure à l'énergie nécessaire à la rupture par clivage. Ainsi, les grêlons de taille moyenne déforment la carrosserie des voitures en y imprimant de petits creux, alors qu'ils rebondissent sur le pare-brise sans l'affecter. L'énergie de déformation n'est toutefois pas nulle : le réarrangement des liaisons coûte de l'énergie, qui se dissipe in fine en chaleur.

Les métaux ductiles peuvent s'étirer de façon spectaculaire. Si on les étire encore, les contraintes font naître et croître des cavités

autour des défauts du matériau. Ces cavités finissent par se rejoindre et le métal se fend le long d'une surface ayant un aspect alvéolé. Cette rupture n'étant obtenue qu'après une transformation affectant l'ensemble du volume du matériau, l'énergie requise est élevée. C'est pourquoi une casserole en cuivre ou une canette de bière ne se cassent pas en tombant, et même les plus gros grêlons ne rompent pas la tôle de l'automobile alors qu'ils font voler en éclats le pare-brise. Un cas extrême de matériau ductile est le plomb. Une balle de plomb qui percute un obstacle ne rebondit presque pas : elle s'écrase, sans se briser.

La distinction fragile/ductile n'est pas intangible. Le comportement des matériaux varie avec la température. Les métaux portés à basse température (et même les superballes !) deviennent fragiles et cassants. C'était le cas de certains aciers de mauvaise qualité utilisés jusque dans les années 1950. Ils devenaient cassants dès que la température atteignait quelques degrés au-dessous de zéro. Ce défaut est à l'origine d'accidents spectaculaires, tels des bateaux se brisant net par grand froid. Certains y voient la raison de la rapidité du naufrage du *Titanic*. Au lieu de déchirer la coque et de créer une voie d'eau modérée, l'iceberg aurait cassé la coque, rendue fragile par le froid, et créé une grande brèche. *Oceano nox*.

2. Pour des chocs faibles, presque tous les matériaux sont élastiques et rebondissent *(à droite)*. Pour un choc plus violent *(à gauche)*, le verre se brise : dans ce matériau à structure rigide, une énergie modeste suffit pour rompre les liaisons entre atomes le long d'une fissure. Un métal, lui, se déforme. La mer d'électrons où baignent les ions métalliques confère de la plasticité : les liens de cohésion se déplacent au lieu de se rompre.

«Mais, Monsieur, dit Cosinus, c'est mon coefficient de frottement qui s'est trouvé trop faible pour détruire ma composante tangentielle... ! –J'connais pas tous ces gens-là, dit le contrôleur. C'est 12fr. 50 que vous m'devez. Maintenant vous pouvez les réclamer à vot'tante Gentielle, comme vous dites!»

Blocages parfaits

La chaussure d'escalade sur la paroi ou la vis ne glissent pas grâce aux frottements solides.

Accroché au granit, un varappeur est en proie au doute : certes, son pied ne dérape pas là où il l'a posé sur la roche, mais peut-il s'y appuyer de tout son poids ? Quelques minutes plus tard, son compagnon d'escalade boulonne une plaquette d'attache à un piton scellé dans la paroi et ressent une inquiétude similaire. S'il venait à « dévisser », la plaquette resterait-elle vissée ? La réponse est deux fois oui, car les lois du frottement solide le garantissent. Analysons comment ces blocages parfaits résultent des frottements solides.

De l'empirisme aux lois de Coulomb

Quiconque a déjà poussé une caisse reposant sur le sol sait qu'il faut exercer une poussée minimale pour y parvenir. Quelle est cette force qui, tant que la poussée est faible, la compense exactement ? C'est la « force de frottement solide », qui se manifeste quand on tente de faire glisser l'une sur l'autre les faces non lubrifiées de deux solides. Contrairement aux frottements fluides, qui n'apparaissent qu'au cours d'un mouvement (résistance de l'air,...), le frottement solide s'exerce aussi sur un objet au repos. Le seuil de frottement dépassé, l'objet s'ébranle et la force de frottement solide ne fait plus que le ralentir.

Un déménageur connaît les étranges propriétés de la force de frottement solide : qu'il pose deux caisses identiques l'une sur l'autre ou l'une derrière l'autre, il doit appliquer la même force pour les faire glisser ! Cela n'est-il pas étonnant ? Quand les caisses sont l'une sur l'autre, l'empilement est deux fois moins en contact avec le sol que quand elles sont l'une derrière l'autre ! Au début du XVIe siècle, le grand Léonard de Vinci s'intéresse déjà au phénomène. Toutefois, Guillaume Amontons (1663-1705) est le premier physicien qui formule la loi du frottement solide : la force tangentielle nécessaire pour mettre en mouvements relatifs deux solides en contact l'un avec l'autre est proportionnelle à la force qui presse les solides l'un contre l'autre et elle ne dépend pas de l'étendue de la surface de contact.

En 1785, Charles Coulomb (1736-1806) précise cette loi qui porte aujourd'hui son nom : il montre que le coefficient de proportionnalité

entre la force de frottement et la force de pression dépend du matériau. Ce coefficient reste de l'ordre de 1, passant de 0,4 pour du papier sur papier à 0,5 pour du bois sur bois et atteignant 1 pour une semelle en caoutchouc sur la roche.

L'indépendance de la valeur de seuil de la force de frottement vis-à-vis de l'étendue de la surface de contact resta longtemps un mystère. Les physiciens britanniques Frank Philip Bowden et David Tabor n'en découvrirent la cause que dans les années 1940. Étudiant le contact solide à l'échelle mésoscopique (intermédiaire entre l'échelle microscopique et l'échelle macroscopique), ils comprirent que deux solides qui se touchent… ne se touchent presque pas. Car même la surface la mieux polie comporte des aspérités minuscules d'une taille typique d'un dixième de micromètre. Ces rugosités sont les premières zones en contact lorsqu'on approche les deux solides, et elles le restent ! Ainsi, l'aire de contact réel entre les deux solides est très faible, comme celle d'un fakir sur sa planche à clous, comme celle d'une brosse posée sur ses poils.

Contact apparent et contact réel

La pression sur les aspérités est égale à la force pressante divisée par l'aire de contact réelle. Cette pression est si forte qu'elle excède largement la résistance de tout matériau. Aussi les aspérités sont écrasées, l'aire de contact augmente et la pression diminue jusqu'à une valeur limite – nommée dureté. À l'équilibre, la surface réelle de contact est égale au rapport entre la force pressante et la dureté et donc ne dépend en rien de la surface apparente de contact ! Ainsi pour un cube de cuivre de 22 centimètres de côté et de masse 90 kilogrammes

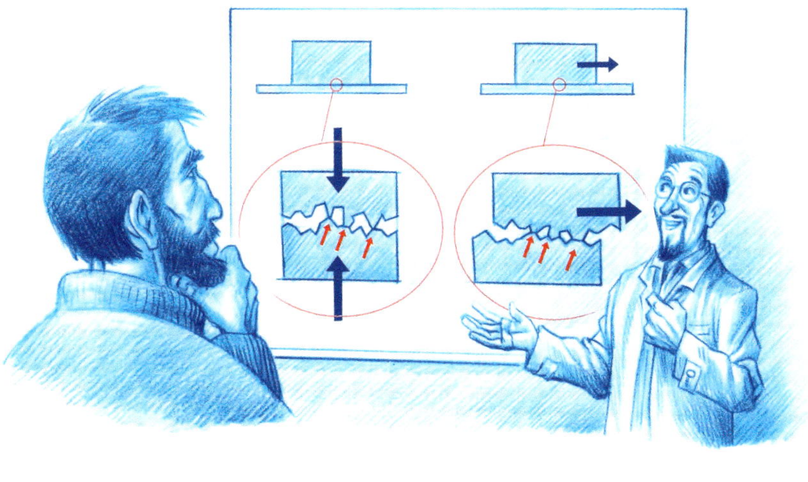

1. Toute surface solide est rugueuse à une échelle assez petite. Deux surfaces en contact entremêlent leurs rugosités. Celles-ci résisteront au glissement tant qu'elles ne se seront pas assez déformées pour cela.

reposant sur une surface plane constituée du même métal, la surface de contact entre le cube et le support est d'environ un millimètre carré! Cette surface de contact réelle est donc environ 50 000 fois plus faible que la surface de contact apparente.

Cherchons maintenant à faire glisser les deux solides l'un sur l'autre. À l'échelle des rugosités, le glissement est impossible, car les aspérités sont imbriquées. Le mouvement n'est possible qu'une fois les aspérités déformées au point que le contact se rompt. Le glissement d'un solide sur un autre est comparable à celui d'une brosse de fer sur une surface métallique. Particulièrement raides, les poils d'une telle brosse ne glissent pas, mais plient un moment avant de se redéployer brusquement pour aller se bloquer un peu plus loin. La force nécessaire pour faire aller et venir une telle brosse est proportionnelle au nombre de poils coincés dans la surface, nombre qui augmente quand nous appuyons. De même, la force motrice nécessaire pour déplacer un solide au contact d'un autre est proportionnelle à l'aire représentée par les aspérités imbriquées, c'est-à-dire à la surface réelle de contact, et par là, à la force pressante. Le point de vue microscopique résout le paradoxe de l'indépendance apparente entre frottement et surface de contact : la surface de contact n'est pas celle que l'on croit. Le paradoxe des caisses est résolu : une surface double ou une pression deux fois plus forte donnent la même surface de contact !

2. Une chaussure glisse d'autant plus facilement sur un plan que celui-ci est incliné (angle a), car la composante du poids parallèle à la surface, qui tend à la faire glisser devient grande par rapport à la composante perpendiculaire, qui l'applique sur la roche. La chaussure glisse quand le rapport de ces forces excède le coefficient de frottement.

Blocages irréversibles

Nous pouvons maintenant rassurer le varappeur qui pose la pointe de sa chaussure sur un minuscule plan incliné de granit. Peut-il y appuyer tout son poids ? Nous saurons s'il « dévissera » en divisant la force tendant à le faire glisser (la composante de son poids parallèle au plan incliné) par la force pressante (la composante du poids perpendiculaire au plan incliné). Le grimpeur teste ce quotient en appuyant légèrement du pied sur son plan d'appui. S'il adhère, c'est que ce rapport est inférieur au coefficient de frottement de la surface de sa chaussure sur la roche. Le quotient en question, égal à la tangente de l'angle a entre le plan incliné et l'horizontale, ne dépend donc en rien du poids

du grimpeur ! Il peut donc confier sans crainte tout son poids au minuscule plan incliné, puis ayant ainsi libéré ses mains, s'assurer. Le coefficient de frottement du caoutchouc synthétique sur la roche sèche est environ 1 et le grimpeur ne glisse pas tant que l'inclinaison de l'écaille de granit sur laquelle s'appuie son orteil n'excède pas 45 degrés. Une pente considérable !

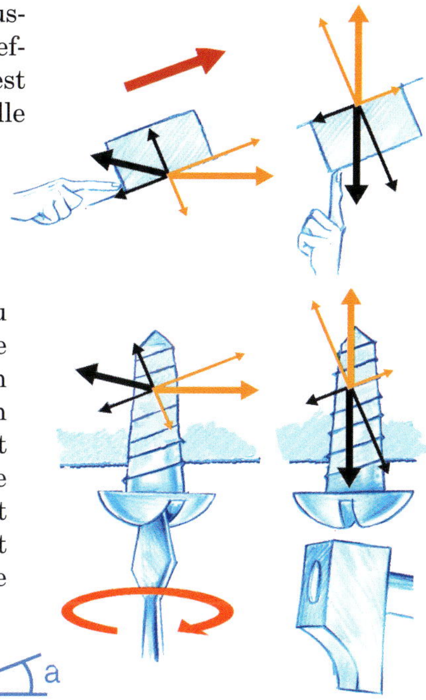

3. Lorsque les corps sont en accélération, les réactions en noir ne sont pas opposées aux forces motrices en couleur orangée. Les frottements solides sécurisent le grimpeur même pour une vis verticale à laquelle il se suspendra de tout son poids ; le coup de marteau assure l'imbrication des surfaces.

Le second varappeur aussi peut être tranquille. Si l'écrou qui retient sa plaquette d'attache ne se dévisse pas lorsqu'il tire faiblement dessus, il ne se dévissera pas plus sous l'effet d'une force supérieure. Dans le cas de la vis, l'équivalent de la pente est l'angle a du filetage par rapport au plan perpendiculaire à l'axe du boulon. Lorsque l'on visse, tout se passe comme si on faisait progresser un objet sur un plan incliné en lui appliquant une force horizontale. Cette propulsion est facile si la pente est assez faible pour que la force propulsive soit quasi parallèle au plan de glissement ; de même, le vissage est facile quand l'angle a est petit. Quand la vis ou le boulon est entièrement vissée, on la coince par un coup de marteau (ou mieux un dernier quart de tour) destiné à accroître l'imbrication des rugosités de son filetage avec celle du boulon ou de la roche. Ce blocage achevé, toute traction ou poussée exercées dans la direction de l'axe de la vis ou du boulon se traduit par une redistribution de forces plus petites sur chacun des éléments de filetage. Tant que l'inclinaison du filetage est assez faible, les composantes de ces forces parallèles au filet sont minimes comparées à leurs composantes qui lui sont perpendiculaires. Leur rapport sera donc inférieur au coefficient de frottement du métal sur la roche (vis) ou sur lui-même (boulon). Ainsi, il existe un angle de filetage limite en deçà duquel un boulon ne peut se dévisser quelle que soit la traction qu'il subit.

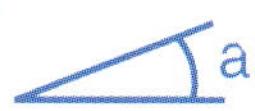

Cet « angle de glissement » est d'environ 12 degrés en cas de contact métal sur métal et de quelque 20 degrés en cas de contact de métal sur le bois, ce qui explique que les boulons aient un filetage moins incliné que les vis à bois. Le caractère irréversible (parfait) des blocages « à vis » s'observe facilement sur les tabourets qui équipent les photomatons. Un enfant peut en modifier la hauteur en les faisant tourner sur leur vis, ce qui n'empêche pas qu'un adulte pesant son quintal s'y cale, même s'il lève les pieds!

Nommé arc-boutement, ce phénomène est exploité au sein de nombreux mécanismes, tels les vérins mécaniques ou encore les coins de bûcheron. Dans tous les cas, il s'agit d'obtenir une poussée intense dans une certaine direction à l'aide d'une petite force motrice dans une autre, et d'éviter de perdre les résultats obtenus si la force motrice s'annule. Plutôt que de s'inquiéter de son boulon, notre second varappeur doit plutôt vérifier la qualité de la roche où il a planté son piton !

G. Courty

Le gond et le violon

Tant les grincements que les sons mélodieux d'un violon résultent de la combinaison de frottements solides et d'élasticité.

La voiture s'arrête en un crissement de freins... Le détective écoute... Un violon pleure au loin dans la maison isolée... Le détective pousse la grille qui grince... Ces sons, qui ajoutent au frisson des films d'angoisse et contribuent à l'agrément des concerts, ont une même cause : l'action combinée des frottements solides et d'un comportement élastique.

La raison première des grincements est une propriété de la force de frottement solide qui s'exerce entre deux surfaces sèches en contact : l'intensité de cette force diminue quand la vitesse relative entre les surfaces augmente. Nous en avons tous fait l'expérience en faisant glisser une caisse ou un meuble sur le sol. Pour mettre la caisse en mouvement, il faut pousser horizontalement en exerçant une force minimale. Cette force est égale au produit du poids de la caisse par un coefficient, appelé coefficient de frottement statique, de valeur comprise entre 0,5 et 1. Le mouvement amorcé, la force nécessaire à la poursuite du mouvement est plus faible, car la friction entre la caisse et le sol a diminué. Elle est toujours proportionnelle au poids, mais le facteur de proportionnalité, appelé coefficient de frottement dynamique, est de l'ordre de 25 pour cent plus faible que le coefficient statique.

Ajoutons maintenant de l'élasticité à cet exemple en tirant la caisse avec une corde élastique, par exemple un tendeur. Partant d'une situation où le tendeur n'exerce aucune force sur la caisse, tirons-le lentement à vitesse constante. À mesure que le tendeur s'allonge, sa tension et la force qu'il exerce sur la caisse augmentent. La caisse reste cependant immobile jusqu'à ce que cette force dépasse la force de frottement statique ; elle se met alors en mouvement et la force de

a b c

1. La caisse reste immobile tant que la force de traction est inférieure à la friction statique *(a)*. Lorsque la caisse se met en mouvement, la force de frottement diminue *(b)*. La caisse accélère, rattrape le marcheur, puis s'arrête *(c)*. L'élastique n'étant plus tendu, le cycle de fixe-glisse recommence.

frottement diminue de 25 pour cent. Tant que l'allongement du tendeur n'a pas diminué de 25 pour cent, la force qu'il exerce sur la caisse reste supérieure à la force de frottement dynamique et la caisse accélère. Ensuite, la caisse, freinée, ralentit, puis s'arrête.

Fixe-glisse

Pour remettre la caisse en mouvement, le frottement étant redevenu statique, il faut de nouveau allonger le tendeur, et ainsi de suite. Ce comportement est dénommé mouvement de fixe-glisse (*stick-slip* en anglais). C'est l'alternance d'une phase statique durant laquelle l'énergie fournie par l'opérateur est stockée sous forme élastique (ici dans le tendeur) et d'une phase de glissement pendant laquelle cette énergie est brutalement libérée sous forme d'énergie cinétique et dissipée par en chaleur le frottement.

Les mouvements saccadés caractéristiques du fixe-glisse ne sont pas toujours visibles à l'œil nu, mais ils peuvent s'entendre quand leur fréquence devient suffisante : c'est une porte qui grince, des freins qui couinent, des pneus qui crissent, et un doigt mouillé qui fait vibrer le verre à la fin des repas de famille. L'élasticité est toujours présente même si elle est parfois bien cachée : ainsi, quand on ouvre une porte, la lame de métal qui relie le cadre de la porte aux gonds, et donc au mur, se plie et agit comme un ressort tant que les frottements empêchent les deux parties du gond de glisser l'une sur l'autre. Lorsque la force exercée est suffisante, les deux surfaces glissent d'un coup l'une sur l'autre, la lame reprend sa forme initiale et le cycle recommence.

Comment supprimer le grincement ? Reprenons notre modèle de la caisse. Pour éviter l'arrêt et la répétition des cycles fixe-glisse, il faut que la tension dans le tendeur ne diminue pas trop lorsque la caisse se met en mouvement, c'est-à-dire que la vitesse de la caisse ne soit pas trop supérieure à la vitesse à laquelle on tire sur le tendeur. Une première solution est de diminuer l'énergie élastique stockée et

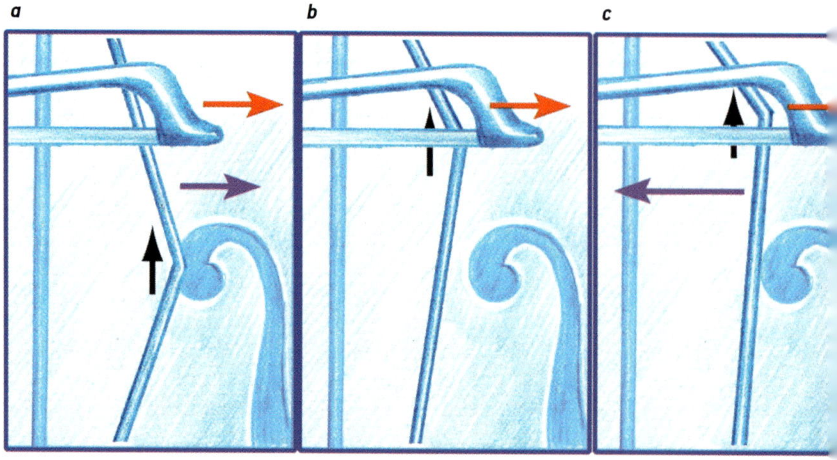

de tirer la valise par une tige quasi inélastique. Une seconde possibilité est de tirer rapidement. C'est cette solution que nous utilisons pour éviter de faire grincer une porte en attendant de graisser les gonds : nous ouvrons la porte d'un coup.

Grincements harmonieux

Au lieu d'éliminer les grincements, nous pouvons aussi les embellir en associant le mouvement de fixe-glisse à un système qui présente naturellement un mouvement périodique comme une corde de violon. En effet, une petite déformation transverse qui s'y propage est réfléchie par chacune des extrémités de la corde : quelle que soit sa forme, elle effectue des allers-retours périodiques, de période égale au double de la longueur de la corde divisé par la vitesse de propagation.

Que se passe-t-il lorsque l'on frotte un archet sur une telle corde vibrante ? Les crins de l'archet, enduits de colophane, augmentent le coefficient de frottement statique et l'archet « mord » la corde. Au début de son mouvement, lors de l'attaque de la note, l'archet entraîne la corde. Celle-ci fait un coude et, telle une corde d'arc, elle exerce une force de plus en plus grande sur l'archet. Quand cette force dépasse une valeur limite, la corde « décroche » et se met à glisser dans le sens opposé au mouvement de l'archet. La déformation créée se propage le long de la corde jusqu'au chevalet, s'y réfléchit, s'inverse et revient au niveau de l'archet. Ce premier passage donne à la corde une petite secousse qui la « réaccroche » à l'archet, lequel l'entraîne à nouveau. Pendant ce temps, le coude continue son

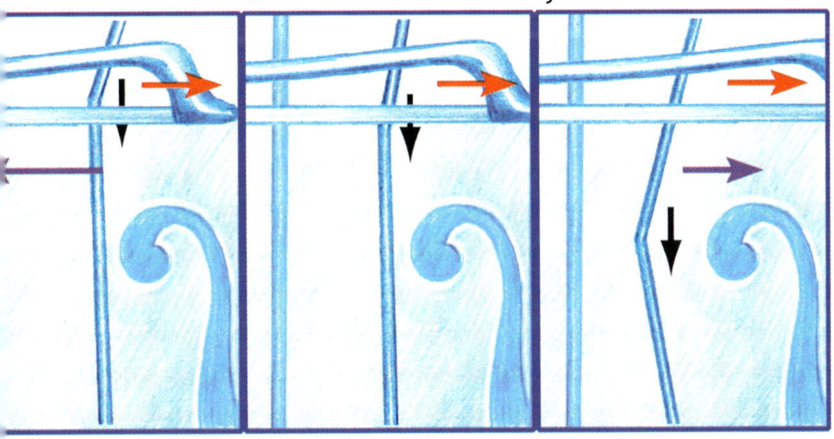

2. Le « fixe-glisse » de l'archet sur la corde. Lors de la phase « fixe » du régime fixe-glisse, l'archet qui se déplace vers la droite *(flèche rouge)* entraîne la corde *(a)*. L'arrivée de la déformation *(flèche noire)* décroche la corde qui se met à glisser sur l'archet *(b)* indépendamment du mouvement de celui-ci : c'est une phase glisse. La déformation se propage vers le chevalet *(c)*, s'y réfléchit et revient vers l'archet *(d)*. L'arrivée de la déformation sur l'archet réaccroche la corde sur celui-ci *(e)*. Tandis que l'archet entraîne la corde, la déformation va vers le sillet *(f)*. Après s'y être réfléchie, la déformation revient vers l'archet *(a)* et le cycle recommence. Les mouvements d'ensemble de la corde sont indiqués par les flèches violettes.

chemin, est réfléchi par le sillet ou par le doigt du musicien, revient au niveau de l'archet et décroche la corde qui se remet à glisser, et ainsi de suite.

Ainsi, sauf lors de l'attaque d'une note, ce n'est pas l'élasticité de la corde qui déclenche glissement et recollement, mais l'arrivée périodique d'une déformation. Le fixe-glisse n'est plus spontané, mais contrôlé ! La hauteur du son est fixée par la période du mouvement qui dépend de la longueur de la corde (éventuellement modifiée par la position du doigt) et de sa tension (qui détermine la vitesse de propagation de la déformation).

Le musicien, qui veut produire un beau son, s'assure que l'accrochage et le décrochage de la corde ne se produisent pas spontanément, mais seulement au passage de la déformation. Il veille à maintenir une pression, suffisante pour que l'archet ne glisse pas intempestivement, mais pas trop importante pour que la secousse, provoquée par le passage du coude puisse décrocher la corde. Quand il y parvient, la position et la vitesse de déplacement de l'archet n'ont plus aucun effet sur la hauteur du son. En revanche, comme cette dernière détermine la vitesse d'entraînement de la corde lors des phases de « fixe », c'est-à-dire de corde entraînée, elle détermine l'amplitude de la déformation, donc le volume du son : plus le musicien déplace rapidement l'archet, plus le son est intense.

Un débutant qui contrôle mal la pression de son archet appuiera trop ou trop peu, il ne laissera pas la corde chanter et produira des sons désagréables. La connaissance des lois physiques n'est certes pas synonyme de virtuosité, mais si vous ne jouez pas bien, au moins vous saurez pourquoi…

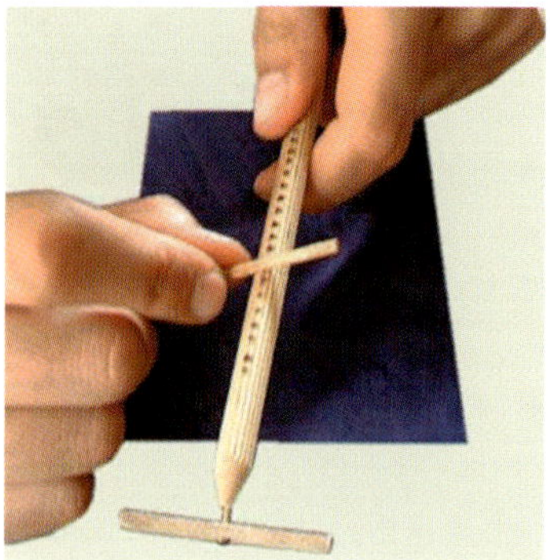

Le Bozo-Bozo

Le Bozo-Bozo faisait les beaux jours des bonimenteurs. Il devrait attirer l'attention des physiciens amateurs.

Le « Bozo-Bozo » est un bâton crénelé au bout duquel une hélice est fichée par un clou. Lorsque nous frottons le crénelage du bâton avec une tige, l'hélice se met à tourner autour du clou ! Mieux encore, nous contrôlons le sens de rotation de l'hélice. Le Bozo-Bozo réalise ainsi un vieux rêve, la transformation d'un mouvement alternatif en mouvement rotatoire. Les principes physiques expliquent son fonctionnement, même si une part d'ombre subsiste.

Bozo-Bozo, anneau et Houla-Hop

L'hélice du Bozo-Bozo, percée en son centre d'un trou dont le diamètre est supérieur à celui du clou qui le traverse, tourne ainsi librement autour de son axe ; lancée d'une pichenette, elle poursuit sa rotation durant trois à quatre secondes. Lors de l'utilisation du Bozo-Bozo, l'utilisateur fait tourner l'hélice en frottant une petite tige sur la zone crénelée du bâton.

Durant ces vibrations, seul le clou est en contact avec l'hélice et donc lui seul la fait tourner. Pourtant, le clou, planté dans le bois, ne tourne pas sur lui-même ! Pour résoudre ce paradoxe, nous nous reporterons à une opération plus familière, consistant à faire tourner un cerceau de Houla-Hop autour du corps ou un anneau autour du bras. Bras tendu, l'anneau placé au niveau du poignet ou de l'avant-bras, nous effectuons tout d'abord avec le bras un ample mouvement circulaire. Chaque point du bras se déplace le long d'un cercle. Si le mouvement du bras est assez rapide, la force centrifuge maintient l'anneau au contact du bras et le centre de l'anneau décrit un cercle autour du bras. Changeons ce mouvement : relevons vivement le bras alors que l'anneau se rapproche de son point le plus bas et que le point d'appui est en haut. Cette impulsion crée sur l'anneau un couple et accélère la rotation de l'anneau. Stoppons notre bras quand l'anneau commence à remonter et abaissons-le d'un coup quand l'anneau se dirige vers sa position haute. Cette fois encore, le couple exercé accélère l'anneau. Ainsi, une simple oscillation verticale du bras avec une synchronisation appropriée entretient le mouvement de l'anneau : pour achever

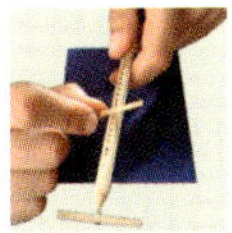

de vous convaincre, faites-le vous-même. Les amateurs de Houla-Hop savent eux aussi qu'une fois passées les savantes contorsions nécessaires au démarrage du mouvement, il suffit d'onduler le corps d'avant en arrière pour entretenir la rotation du cerceau autour du corps.

Nous savons maintenant que le centre de l'anneau décrit un cercle. Il faut encore montrer que l'anneau, comme l'hélice du Bozo-Bozo, tourne sur lui-même. Intéressons-nous à la force exercée par le bras sur l'anneau au point de contact. Celle-ci a une composante perpendiculaire à la surface de l'anneau et une seconde, qui lui est parallèle. Cette dernière

a

b

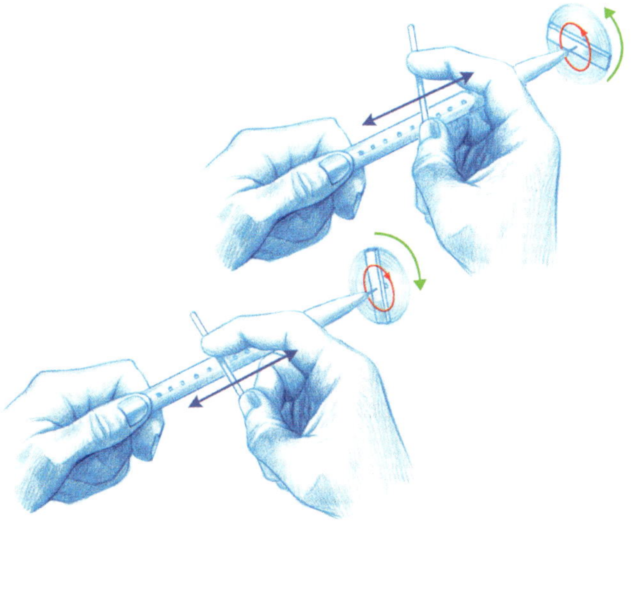

1. Le mouvement d'entretien du Houla-Hop *(a)* est analogue à celui exercé par la baguette qui frotte sur la crénelure du Bozo-Bozo *(b)*. Le pied exerce sur l'anneau une force *(mauve)* décomposée en une composante perpendiculaire *(bleue)* maintenant le contact entre anneau et cheville, et une composante tangente à l'anneau *(rouge)* qui le fait tourner sur lui-même *(flèches vertes)* comme l'hélice du Bozo-Bozo. Le mouvement du clou à l'extrémité de la tige crénelée est un mouvement circulaire *(rouge)* engendré par la vibration de la tige ; l'hélice est entraînée par frottement.

est une force de frottement qui s'oppose au glissement de l'anneau sur le bras. Elle exerce un couple sur l'anneau et le met en rotation sur lui-même, de sorte que l'anneau roule sans glisser sur le bras en suivant le même sens que le mouvement initial du bras. Cette situation est analogue à celle d'un engrenage. On en déduit que la vitesse de rotation de l'anneau sur lui-même est égale au produit de la vitesse de rotation du centre de l'anneau autour du bras par le diamètre de l'anneau divisé par la différence entre le diamètre de l'anneau et celui du bras.

Ce mécanisme transforme le mouvement circulaire du bras en une rotation sur lui-même de l'anneau. Explique-t-il le fonctionnement du Bozo-Bozo ? Quelques expériences que vous pourrez reproduire permettent de conclure par l'affirmative. On détermine le mouvement du clou en fixant un crayon à papier sur le bâton du Bozo-Bozo. La longueur ainsi ajoutée amplifie le déplacement de l'extrémité tandis que la mine permet de reporter ce mouvement sur une feuille (que l'on fait défiler lentement afin de faciliter la lecture de la trace du crayon). Les traces sont sans ambiguïté : lorsque l'on frotte le Bozo-Bozo de façon à faire tourner l'hélice, le clou se déplace selon une trajectoire à peu près circulaire dans le sens attendu *(voir la figure 2)*. Une seconde expérience permet de vérifier que, tout comme avec le bras, une simple vibration du clou de bas en haut entretient la rotation de l'hélice, quel que soit son sens, lorsque la rotation est amorcée. Il suffit pour cela de lancer l'hélice d'une pichenette, puis de frotter le Bozo-Bozo avec le bâtonnet. Il est enfin possible (avec un laser, une photodiode et un oscilloscope !) de comparer la fréquence de rotation de l'hélice à celle de la vibration de la tige : celle-ci est environ quatre fois plus faible. Cela correspond bien à un roulement sans glissement de l'hélice sur le clou, car pour le Bozo-Bozo des auteurs, le diamètre du clou est égal aux trois quarts de celui du trou percé dans l'hélice *(voir la figure 2)*.

Mouvement asymétrique du clou

La rotation de l'hélice est ainsi due au mouvement circulaire de l'extrémité du clou. Ce mouvement est choisi et contrôlé par la pression latérale exercée sur le Bozo-Bozo par l'un des doigts de la main (pouce ou index) qui tient le bâtonnet avec lequel on frotte les crénelures. Plusieurs hypothèses ont été avancées pour expliquer ce coup de main. En l'absence de preuves décisives, procédons comme Sherlock Holmes : si nous éliminons les mauvaises explications, celle qui restera sera la bonne.

On a tout d'abord cherché à expliquer le mouvement du clou à l'aide d'ondes qui se propageraient dans le bois et qui seraient entretenues par le mouvement du bâtonnet. Pour le Bozo-Bozo, les fréquences correspon-

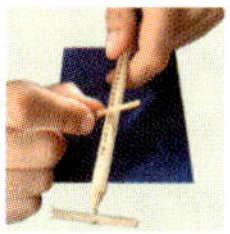

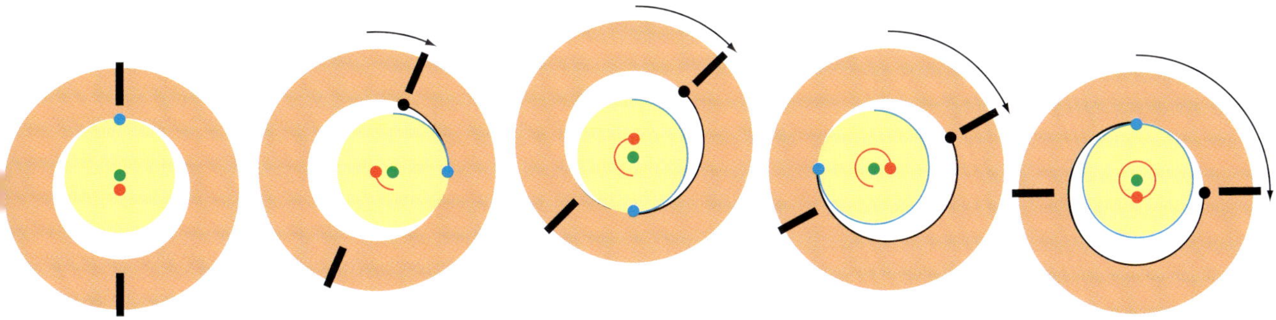

2. L'hélice *(anneau brun, pales schématisées par deux traits noirs)* roule sans glisser sur le clou *(jaune)*. Le centre de l'hélice *(point rouge)* parcourt un cercle autour du centre du clou *(en vert)*. Lorsque l'hélice tourne autour du clou, leur point de contact *(en bleu)* parcourt la même distance sur le clou *(trait bleu)* que sur l'anneau *(trait noir)*. Après un tour, le point de contact initial *(en noir)* a parcouru une distance égale à la différence du périmètre intérieur de l'anneau brun et du périmètre du clou. Ainsi la fréquence de rotation de l'hélice est-elle ici le quart de la fréquence de rotation du clou, elle-même égale à la fréquence de vibration de la tige crénelée.

dant à ces ondes dépassent largement le kilohertz. Elles sont donc nettement plus élevées que la fréquence d'excitation de 50 hertz que l'on obtient en effectuant en une seconde un aller-retour sur les 25 encoches du Bozo-Bozo. On achève de se convaincre que cette hypothèse n'est pas la bonne en serrant dans un étau l'extrémité de la tige crénelée opposée à l'hélice. Le clou ne peut bouger sauf si le Bozo-Bozo se déforme. On constate dans ce cas qu'il est très difficile de faire tourner l'hélice, signe que les déformations sont très faibles et les ondes inopérantes.

Une autre hypothèse consiste à dire que le contact avec le doigt crée un point fixe autour duquel le Bozo-Bozo pourrait tourner. Le mouvement du clou serait alors non pas une oscillation verticale, mais des allers-retours sur un arc de cercle. On constate toutefois que si l'on fait appuyer le Bozo-Bozo sur un véritable point fixe (comme un coin de table), l'hélice ne tourne plus. Quel est alors le rôle du doigt qui appuie sur le bâton ?

On peut bien sûr toujours arguer que l'appui provoque une dissymétrie le long du bâton et qu'au mouvement vibratoire rectiligne de l'extrémité se substitue un mouvement plus général ellipsoïdal. Il est possible d'être plus précis. L'idée la plus raisonnable est de dire qu'à l'excitation verticale exercée par le bâtonnet s'ajoute une excitation horizontale exercée par le doigt, donc qu'au mouvement vertical du clou se rajoute un mouvement horizontal. Ces mouvements n'ont aucune raison d'avoir la même amplitude, ni d'être synchrone, car le bâtonnet est rigide et le doigt plus mou. Il en résulte que le clou décrit une ellipse. Pour limpide qu'il soit, ce raisonnement ne nous dit pas pourquoi le clou décrit une ellipse dans le sens horaire quand l'appui est à gauche !

Il reste donc encore du travail aux amateurs de physique et aux physiciens amateurs pour comprendre les mystères du Bozo-Bozo. Les plus persévérants s'attaqueront peut-être à l'énigme du double Bozo-Bozo : comment faire tourner et contrôler la rotation de l'hélice d'un second Bozo-Bozo qui n'est pas frotté, mais seulement mis au contact du premier ?

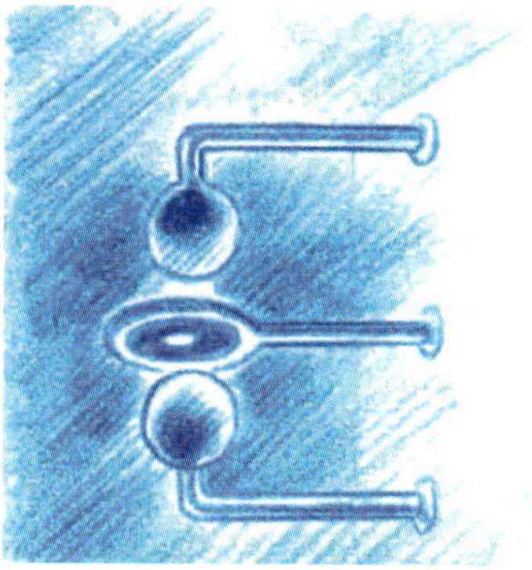

L'énigmatique pendule inversé

Pour faire tenir en équilibre un pendule la tête en bas, on fait osciller rapidement son point d'attache.

Les équilibristes nous émerveillent en maintenant en équilibre quilles et balais sur leur nez ou leur pied. Pour stabiliser ce type d'objets sans adresse particulière, des physiciens fixent ces «pendules» par le bas et font osciller le point d'attache. En s'inspirant de cette stabilisation dynamique, le physicien allemand Wolfgang Paul a réalisé un piège qui permet de conserver un ion unique, de l'observer et même de le peser.

Pour maintenir un balai en équilibre les poils vers le haut, l'équilibriste observe ou ressent le mouvement du balai et se déplace horizontalement en conséquence. Au début du XXᵉ siècle, le physicien A. Stephenson a proposé une méthode ne nécessitant aucune agilité spéciale : pour maintenir le balai, il fait vibrer rapidement l'extrémité basse de ce pendule inversé! Vous pourrez essayer avec une scie sauteuse (et avec précaution).

Quand le pendule a son point d'attache en bas, il est en équilibre instable. S'il est parfaitement vertical, le couple de son poids, c'est-à-dire le produit du poids par la distance du centre de gravité à la verticale du point d'attache, est nul. Aucune rotation ne se produit. Dès que le pendule s'incline un petit peu, le couple n'est plus nul. Ce couple fait basculer le pendule et l'éloigne encore plus de la verticale. Au contraire, un pendule «normal» dont le point d'attache est en haut est ramené vers sa position d'équilibre par le couple du poids : il est stable.

Comment stabiliser le pendule inversé? En inversant la gravité! Cette idée saugrenue est le début de la solution. Pensons à nos sensations dans un ascenseur. Lorsqu'il se met à descendre, nous sentons un haut-le-cœur et la gravité nous semble réduite. Si la cabine était en chute libre, son accélération serait égale à l'accélération de la pesanteur et nous flotterions dedans comme si nous étions en impesanteur. Avec une accélération encore supérieure, la gravité ressentie dans la cabine serait dirigée vers le haut : nous serions collés au plafond et notre pendule inversé en serait stabilisé. Tout se passe comme si nous subissions en sus du poids une force supplémentaire, dénommée force d'inertie, d'intensité égale au produit de la masse par l'accélération de la cabine, mais qui est de sens opposé à cette accélération.

Selon cet exemple, on stabiliserait le pendule en tirant vigoureusement son point d'attache vers le bas. Hélas, ce mouvement doit s'arrêter et pour remonter il faut bien tirer le point d'attache vers le haut : la force d'inertie est alors orientée vers le bas et s'ajoute au poids pour déstabiliser le pendule. Il semble que nous ne tirions aucun bénéfice en faisant osciller ainsi le point d'attache. La moitié du temps, la force d'inertie est dirigée vers le haut et l'autre moitié du temps vers le bas et cela avec la même intensité : la valeur moyenne de la force d'inertie est nulle. Toutefois nous verrons que la valeur moyenne du couple exercé par cette force lors du mouvement du pendule n'est pas nulle et que l'oscillation peut contrer la gravité.

Le couple moyen n'est pas nul

Prenons un pendule inversé dont la distance du centre de gravité au point d'attache est de 20 centimètres (sa longueur) et faisons vibrer le point d'attache à une fréquence de 50 hertz et une amplitude de 1 centimètre. L'accélération correspondante atteint près de 1 000 mètres par seconde au carré, beaucoup plus que l'accélération de la pesanteur (égale à 9,8). La force d'inertie est 100 fois le poids du pendule.

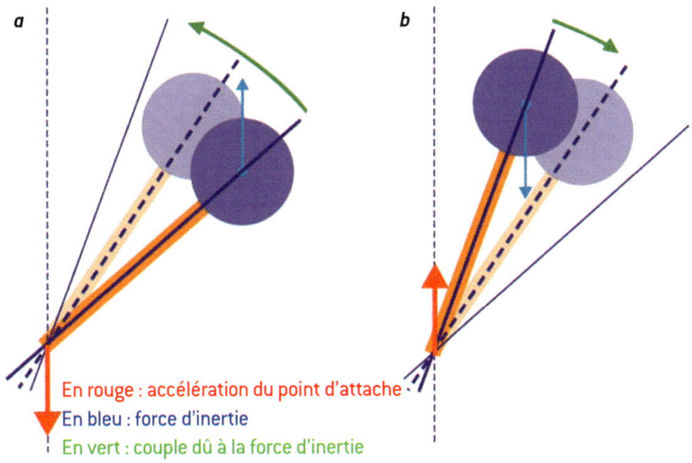

1. Le pendule inversé est stabilisé par l'oscillation de son point d'attache : lorsque le point d'attache du pendule vibre verticalement, le pendule oscille de part et d'autre d'une position médiane. Deux phases se succèdent. Le point d'attache accélère vers le bas *(a)* et le couple créé par la force d'inertie tend à ramener le pendule vers l'axe. Le point d'attache accélère vers le haut *(b)* et le couple de la force d'inertie écarte le pendule de l'axe. Le couple de la force d'inertie est plus intense dans la première phase que dans la seconde, car le pendule est plus éloigné de l'axe dans cette première phase que dans la seconde. Aussi la moyenne du couple de la force d'inertie pendant ces deux phases n'est pas nulle et le pendule est ramené vers la verticale. C'est la stabilisation dynamique utilisée dans des dispositifs physiques variés.

Analysons donc le mouvement de ce pendule en oubliant provisoirement la gravité. Écartons le pendule de la verticale de 1 degré. À cause des vibrations du point d'attache, le pendule lui-même vibre autour de cette position médiane.

À l'instant où le point d'attache passe par sa position moyenne en montant, le pendule est dans sa position angulaire moyenne de 1 degré et sa vitesse angulaire l'écarte de la verticale. Durant la montée du point d'attache, l'accélération de ce point est dirigée vers le bas et la force d'inertie pointe vers le haut : le pendule subit alors un couple qui le ramène vers la verticale : sa vitesse de rotation diminue progressivement jusqu'à changer de sens. Ainsi, le pendule s'écarte de la verticale jusqu'à atteindre l'angle maximal de 1,05 degré, puis rebrousse chemin. Puis le point d'attache revient en descendant sur sa position moyenne où le pendule est de retour à son angle initial de 1 degré, mais sa vitesse de rotation le rapproche de la verticale. À partir de cette position moyenne, le point d'attache descend en ralentissant car l'accélération de ce point a changé de sens et pointe vers le haut ; la force d'inertie pointe alors vers le bas et tend à écarter le pendule de l'axe : celui-ci n'en continue pas moins sa rotation angulaire jusqu'à l'angle de 0,95 degré, puis revient vers sa position angulaire moyenne en même temps que le point d'attache.

Ainsi, lorsque la force d'inertie est orientée vers le haut, l'angle du pendule est compris entre 1 degré et 1,05 degré et son centre de gravité est plus éloigné de la verticale que lorsqu'il est à sa position initiale de 1 degré. En revanche, lorsque la force d'inertie est orientée vers le bas, l'angle du pendule est compris entre 0,95 et 1 degré et le centre de gravité est plus proche de l'axe. Comme la force d'inertie est de même intensité dans les deux phases, le moment de cette force est plus grand quand elle redresse le pendule que quand elle le fait basculer. En moyenne, le couple tend donc à redresser le pendule. Dans cet exemple le couple moyen de la force d'inertie est 2,5 fois supérieur à celui du poids et le pendule est stabilisé en position inversée.

Le piège de Paul

Le physicien Wolfgang Paul a utilisé cet effet dans un autre contexte. Longtemps, les physiciens furent embarrassés pour piéger une particule chargée. La force exercée par un champ électrique, égale au produit de la charge par la valeur du champ, peut aisément compenser le poids d'un ion, mais elle ne permet pas de le

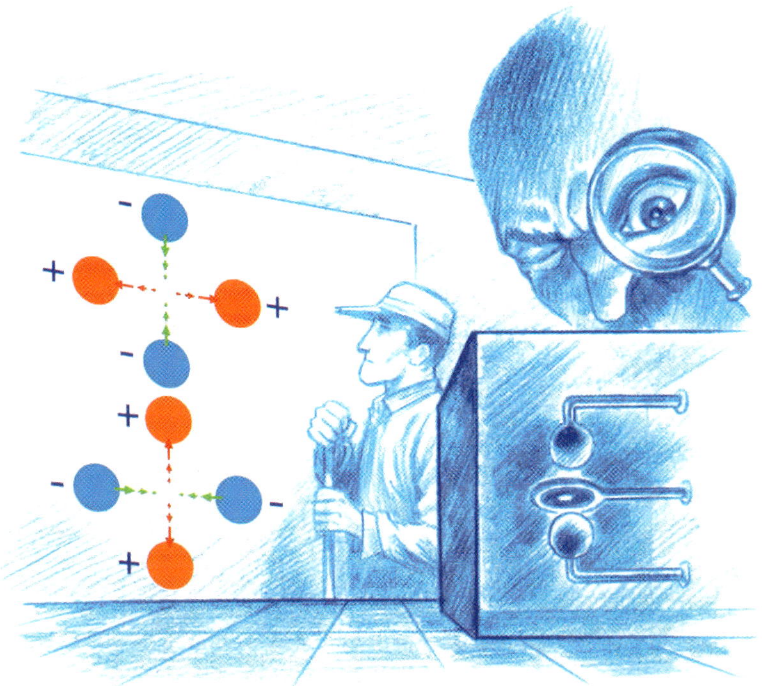

2. Un ion oscille sous l'effet d'une force électrique qui le rapproche et l'éloigne d'un point. Lorsque l'électron est éloigné du point, la force est plus grande que lorsqu'il en est proche : l'ion est stabilisé au centre du piège.

maintenir en un endroit précis. Pour un ion positif, il faudrait concevoir un champ électrique convergent partout vers ce point, ce qui est interdit par les lois de l'électromagnétisme. Avec des électrodes judicieusement placées, le champ électrique peut être nul en un point, mais on ne peut éviter que, selon au moins une direction, le champ créé ne tende à éloigner encore plus la charge lorsque celle-ci est légèrement écartée, c'est-à-dire que l'équilibre est instable. L'idée de Paul Steinwedel et de Wolfgang Paul, qui a valu à ce dernier le prix Nobel en 1989, a été de faire osciller rapidement le champ électrique. Un ion placé près du point d'équilibre suit les oscillations du champ et explore des régions où l'amplitude du champ varie. Comme pour le pendule inversé, alors que la moyenne du champ électrique au voisinage du point est nulle, la force moyenne que subit l'ion en oscillations rapides ne l'est pas et le ramène vers le centre.

Ce piège est maintenant utilisé dans de nombreux laboratoires, car il permet de conserver et d'observer un ion unique. Grâce à lui, les physiciens ont « pesé » des ions individuels en mesurant précisément leurs fréquences d'oscillation au fond du piège. La stabilisation dynamique est une grande idée...

Voici venir l'énergie lithoélectrique

En arasant les montagnes, on aplanirait les difficultés énergétiques de la planète... du moins là où le relief s'y prête, et en oubliant les contingences matérielles !

Avertissement : Avant la lecture, nous tenons à rassurer tous les défenseurs du Mont-Blanc : nul projet de le raboter n'est en cours. Fruit de l'imagination débordante du professeur Jones, la lithoélectricité est une fantaisie premièreavrilesque qui n'a ni présent ni avenir. Nous tenons toutefois à préciser que tous les phénomènes évoqués existent réellement, que les chiffres avancés sont exacts et qu'aucune erreur de calcul n'est venue se glisser dans notre article. Dans l'esprit des nombreuses chroniques de *Daedalus* de David Jones, nous avons cherché pour cet article du mois d'avril à pousser des lois physiques bien établies jusqu'à la frontière entre l'absurde et la vraisemblance.

De quoi notre avenir énergétique sera-t-il fait ? De centrales nucléaires ? De centrales solaires ? De barrages hydroélectriques ? D'éoliennes ? Quoi qu'il en soit, il est grand temps de remplacer les énergies fossiles par des énergies renouvelables. À problème de taille, idée nouvelle : le physicien américain David Jones a proposé il y a quelques années une révolution énergétique s'inspirant des mécanismes à l'œuvre dans l'hydroélectricité. Mais il ne s'agit pas d'eau, ni de vin ! Selon D. Jones, notre futur réside dans l'énergie potentielle de gravitation des montagnes.

L'hydroélectricité est la transformation directe de l'énergie potentielle de gravitation d'une masse d'eau retenue en altitude en énergie cinétique, pour actionner une turbine. Il suffit de faire dévaler l'eau pour récupérer une énergie égale au produit de la masse m d'eau par l'accélération g de la pesanteur et par la hauteur h de chute ($E = mgh$). Elle est facile à estimer : un barrage d'un kilomètre de largeur, de 10 kilomètres de longueur et de 100 mètres de hauteur par rapport aux turbines retient la bagatelle d'un milliard de tonnes d'eau, ce qui correspond à une énergie potentielle de 500 milliards de kilojoules ou 140 millions de kilowattheures – la consommation annuelle de 5 000 foyers. Utilisée depuis longtemps, l'hydroélectricité fournit en France 70 térawattheures (70 milliards de kilowattheures), soit environ 12 pour cent des besoins d'énergie, le reste étant assuré essentiellement par le secteur électronucléaire.

De l'hydroélectrique au lithoélectrique

Atout de l'hydroélectricité : c'est une énergie renouvelable, les précipitations alimentant, de l'automne au printemps, les retenues d'eau. Suffirait-elle à satisfaire les besoins ? Les précipitations moyennes sont, en France, de 800 millimètres par an sur une surface de 551 602 kilomètres carrés, soit une masse d'eau de $4,4 \times 10^{11}$ tonnes. L'altitude moyenne de la France étant de 297 mètres, cela représente annuellement une énergie potentielle de $1,3 \times 10^{18}$ joules, soit $3,6 \times 10^{11}$ kilowattheures ou encore 360 térawattheures. Cette estimation grossière rejoint, à peu de choses près, celle d'EDF, qui évalue à 300 térawattheures le potentiel hydroélectrique. Sachant qu'on ne peut récupérer en pratique que le tiers de cette énergie, on constate que la France est déjà bien équipée et que l'hydroélectricité ne pourra couvrir tous nos besoins.

L'eau n'est pas toujours liquide. Pourrait-on exploiter l'inexorable descente des glaciers ? Les glaciers ne sont pas uniquement constitués de glace, ils charrient aussi des débris rocheux, qu'ils évacuent sous forme de moraines. De la roche ? Un charriage sous l'effet de la pesanteur ? Telle la lettre cachée d'Edgar Poe, la solution à nos problèmes énergétiques nous échappait tant elle était apparente : et si, à la place de l'eau, on faisait

1. Exploiter la pesanteur pour extraire de l'énergie : c'est le principe des barrages hydroélectriques où la chute de l'eau fait tourner des turbines. Et si on remplaçait l'eau par de la terre ? On ferait dévaler la matière du haut des montagnes au moyen d'une vis d'Archimède. L'énergie de la chute ferait tourner cette vis et produirait de l'électricité.

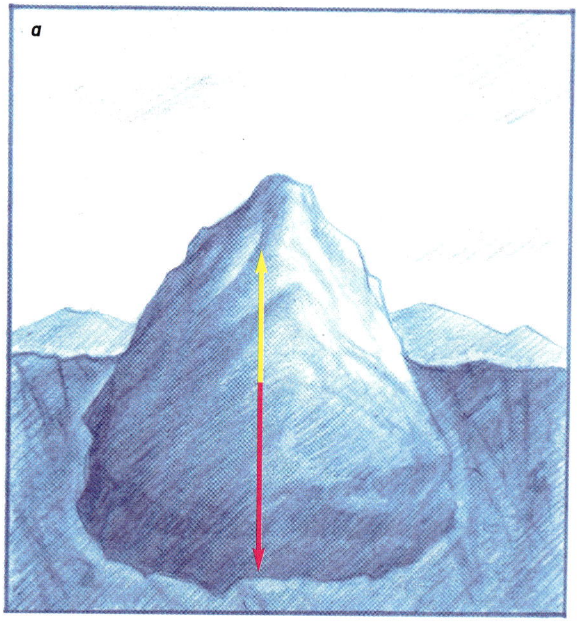

dévaler la montagne elle-même ?

Estimons l'énergie de pesanteur contenue dans notre sol natal. Avec une densité de l'ordre de 2,8, la masse de terre française se trouvant au-dessus du niveau de la mer est d'environ 5×1014 tonnes – plus de 1 000 fois la masse des eaux de pluie. En abrasant la France en moyenne de trois mètres et en jetant la roche à la mer, on récupérerait assez d'énergie pour alimenter le pays en électricité pendant un an.

Renouvelable grâce à l'isostasie

Nous entendons déjà s'élever les plaintes des fâcheux : à ce rythme-là, la France sera sous les eaux en un siècle ! Grossière erreur. Les montagnes ne se limitent pas à ce que l'on en voit. Chaque relief en surface comporte une racine qui s'enfonce dans le manteau terrestre et qui assure l'équilibre hydrostatique. Le poids de ce qui s'élève au-dessus de la croûte continentale est compensé par la poussée d'Archimède s'exerçant sur la racine, moins dense (densité 2,8) que le manteau environnant (3,3) : c'est l'isostasie.

En imaginant que le bloc continental flotte sur le manteau, on calcule que pour soutenir le Mont-Blanc, il faut une racine qui plonge de 27 kilomètres dans le manteau. Si l'on amputait le Mont-Blanc de 60 pour cent de sa masse pour le ramener à la hauteur du puy de Sancy (1 886 mètres), sa racine supporterait un poids moindre et remonterait en conséquence, restituant en partie le relief : le sommet dépassera de nouveau les 4 000 mètres.

Rien ne s'oppose donc à la mise en œuvre de cette nouvelle forme de production d'énergie que nous baptisons lithoélectricité (du grec

lithos, pierre). Rien, à l'exception des contingences techniques. D'abord, il faut détacher la roche de la montagne : c'est sans doute possible avec les explosifs divers et variés qui encombrent les arsenaux militaires. Ensuite, comment faire s'écouler les roches ? On peut imaginer des filins auxquels seront attachés des seaux remplis de pierres ; le poids des roches suffira pour amorcer, puis entretenir le mouvement (en faisant remonter les seaux vides) et produire de l'énergie en excédent. Ce serait encore mieux avec une vis d'Archimède, sorte de vis sans fin déjà employée pour remonter de l'eau ou convoyer des céréales. Une telle vis vient d'être récemment montée et utilisée en Suisse pour produire de l'électricité à partir… d'une chute d'eau. Le rendement mécanique, excellent, atteint 80 pour cent. L'écoulement lui-même met en rotation la vis, et c'est à partir de ce mouvement que l'énergie est produite.

La France doit relever le défi de la lithoélectricité. Menons des expérimentations là où les montagnes plongent dans la mer, comme en Corse ou dans les Alpes-Maritimes, les débris rocheux étant utilisés pour gagner des terres sur la mer ou rehausser les zones menacées par la montée annoncée des eaux. Et que l'on ne nous dise pas que le procédé n'est pas écologique : il ne fait qu'accélérer l'érosion naturelle des sommets. Au contraire, l'énergie lithoélectrique prend sa source dans les forces les plus intimes de Gaïa, celles de la tectonique des plaques. L'avenir est au nivellement par le haut… ■

2. Si l'on jetait à la mer le haut des montagnes, risquerait-on de faire monter le niveau de l'eau au point de se retrouver submergés ? Que nenni ! Vous pouvez vérifier qu'un glaçon qui fond ne change pas le niveau de l'eau dans un verre. La densité des montagnes est plus faible que celle du manteau : la montagne flotte sur le manteau et son poids *(en rouge)* est compensé par la poussée d'Archimède *(en jaune)* que le manteau terrestre exerce sur son socle *(a)*. Cet équilibre, nommé isostasie, est provisoirement rompu au moment où la montagne est décapitée *(b)*. Le socle se soulève, diminuant le volume immergé dans le manteau de la montagne, jusqu'à ce que la poussée d'Archimède ait diminué autant que le poids *(c)*.

L'art du ricochet

Pour réussir des ricochets, il faut lancer le plus fort possible le galet d'une hauteur adéquate et lui conférer un mouvement de rotation stabilisateur.

En 1992, une pierre a rebondi 38 fois à la surface d'un lac : l'Américain Coleman McGhee venait d'établir le nouveau record du monde de ricochets. En 2002, le physicien français Lyderic Bocquet, sensibilisé par son fils, a analysé la physique du ricochet et nous nous inspirerons de son travail pour étudier comment une pierre «rebondit» sur l'eau. Nous examinerons ainsi les facteurs de la réussite : la vitesse de lancer, l'inclinaison du galet et la vitesse de rotation. Peut-être pourrons-nous battre le record ?

Revenons au caillou : quelle force fournit le ressort pour qu'il rebondisse ? La pratique du ricochet montre qu'il faut lancer le caillou avec une vitesse horizontale assez élevée, en l'inclinant légèrement vers l'arrière. Si le lancer est effectué au niveau de la surface de l'eau, le caillou glissera quelques instants sur l'eau, tel un skieur de ski nautique, ralentira, puis sombrera : plus dense que l'eau, il ne peut flotter, car la poussée d'Archimède ne compense pas son poids. C'est une force de portance similaire à celle qui s'exerce sur une aile d'avion qui permet la sustentation, force proportionnelle au produit de la masse volumique de l'eau par la surface en contact de l'objet avec l'eau et par le carré de sa vitesse. Le coefficient de proportionnalité est proche de 0,5 pour les objets plats. En exprimant que cette force de portance est égale au poids, on détermine l'ordre de grandeur de la vitesse horizontale minimale qui permet la sustentation d'un objet sur l'eau.

Pour marcher sur l'eau...

... il faut ne pas être trop lourd et se déplacer très vite. Le basilic, un lézard Sud-américain, court à la surface de l'eau, mais il ne pèse qu'une centaine de grammes. Qu'en est-il pour un homme de 80 kilogrammes souhaitant pratiquer le barefoot, c'est-à-dire faire du ski nautique avec pour seul ski la plante de ses pieds. Si la surface des deux pieds est de 350 centimètres carrés, on trouve une vitesse de l'ordre de 25 kilomètres à l'heure. En réalité, la vitesse requise est plus proche de 60 kilomètres à l'heure. Notre estimation fournit donc un ordre de grandeur de la vitesse à un facteur deux près.

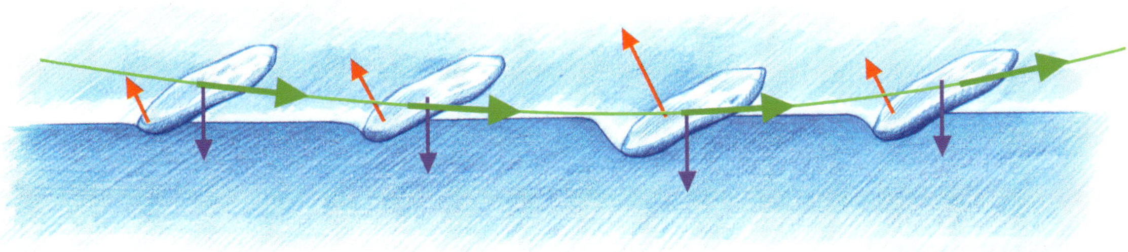

1. **Plus le galet s'enfonce, plus la force hydrodynamique est importante : l'eau se comporte comme un ressort. Cette force est exercée sur la partie postérieure du galet et tend à le faire basculer vers l'avant, il faut donc stabiliser l'orientation du galet en le faisant tourner sur lui-même.**

Vous ne pourrez marcher sur l'eau qu'en étant tiré à grande vitesse par un bateau.

Qu'en est-il d'un caillou, assez lourd, de 200 grammes et dont la forme est celle d'un disque aplati de 5 centimètres de rayon. L'évaluation donne une vitesse minimale de seulement 2,5 kilomètres à l'heure. Si la vitesse est plus grande, la force de portance devient supérieure au poids et le caillou rebondit. Lorsque la pierre, légèrement inclinée, affleure la surface de l'eau, seul son bord postérieur est en contact. La surface de contact, et donc la force de sustentation, est très faible. À mesure que la pierre inclinée s'enfonce dans l'eau, la surface de contact augmente et la portance aussi : la force de portance est ainsi proportionnelle à l'enfoncement de la pierre dans l'eau. L'eau se comporte ainsi comme un ressort dont la raideur est proportionnelle au carré de la vitesse horizontale. Rebondissant sur ce ressort, le galet repart alors en sens inverse pour rejaillir hors de l'eau.

Lorsque la vitesse est grande, ce mécanisme est efficace pour faire rebondir n'importe quel objet sur l'eau. Les troupes alliées ont utilisé cette propriété lors de la Seconde Guerre mondiale pour détruire un barrage sur la rivière Mohne dans la vallée de la Ruhr. Il était impossible d'utiliser un bombardement classique, car la destruction de l'édifice nécessitait une explosion en profondeur sous l'eau et contre la paroi. Quant aux torpilles, elles auraient été arrêtées par les filets de protection mis en place par la Wehrmacht. La solution trouvée par l'ingénieur anglais Barnes Wallis a été de faire ricocher des bombes cylindriques sur la surface de la retenue jusqu'à la paroi du barrage. Ces bombes étaient lâchées à une hauteur de 18 mètres par des avions volant à une vitesse de 400 kilomètres à l'heure. D'une masse de plus de quatre tonnes, ces bombes rebondissaient plusieurs fois sur l'eau, en s'enfonçant à peine tant le ressort hydrodynamique était puissant. Elles passaient au-dessus des filets de protection et parcouraient ainsi les quelque 400 mètres les séparant du barrage. Butant contre la paroi, elles coulaient alors le long du barrage et explosaient quand elles atteignaient le fond.

Il faut stabiliser l'angle du galet

Avec une vitesse suffisante et une orientation contrôlée, nous avons fait rebondir le galet. Pour s'assurer que les rebonds ultérieurs se passent dans les mêmes conditions, nous devons être sûrs que chaque fois la pierre se présentera sur l'eau toujours pratiquement à plat. Durant le rebond, la force hydrodynamique s'exerce essentiellement sur la partie postérieure de la pierre et cette dernière aura donc tendance à basculer vers l'avant. Pour éviter ce mouvement, le lanceur met alors à profit l'effet gyroscopique qui peut se résumer ainsi : lorsqu'un objet est en rotation rapide, il est plus difficile de le faire changer d'orientation que lorsqu'il ne tourne pas.

En effet, observons une toupie. Si celle-ci est posée sur le sol légèrement incliné et immobile, elle bascule dès que l'on la lâche. Donnons-lui maintenant un lent mouvement de rotation sur elle-même : elle bascule toujours, mais beaucoup moins vite qu'auparavant. Faisons-la enfin tourner très rapidement. Elle ne bascule plus et reste posée sur sa pointe, défiant la pesanteur. En adaptant l'analyse de la toupie au problème du ricochet, il est possible de déterminer la vitesse minimale de rotation permettant de stabiliser l'orientation de la pierre. Pour notre disque aplati, cette vitesse minimale de rotation est égale à la racine carrée de l'accélération de la pesanteur divisée par le rayon de la pierre, soit deux tours à la seconde pour une pierre de cinq centimètres de rayon.

Pour battre le record, il faudra enfin vaincre l'obstacle le plus redoutable, les pertes d'énergie. En effet, la pierre subit de l'eau non seulement la force de portance, mais aussi une force de traînée qui la ralentit progressivement. Analysons d'abord la situation où la pierre glisse sur l'eau : comme pour une aile d'avion, la force de traînée est proportionnelle à la portance. Toutefois, alors que pour un planeur, la traînée ne vaut qu'un vingtième de la portance, dans le cas de la pierre, les deux forces sont à peu près égales. Puisque la portance compense le poids, la traînée est aussi égale au poids : tout se passe comme si nous avions à l'horizontale une situation équivalente à celle que nous aurions si nous avions lancé la pierre... verticalement : l'accélération est constante, opposée à la vitesse et son amplitude est égale au poids de la pierre. La distance parcourue par la pierre est donc

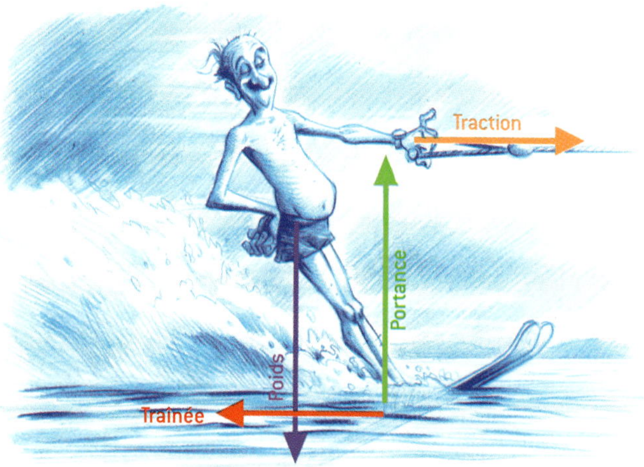

2. Le skieur est maintenu à la surface de l'eau par une force de portance qui équilibre son poids. La force de traînée peut atteindre des valeurs équivalentes au poids du skieur.

égale à la hauteur qui serait atteinte en lançant la pierre vers le haut avec la même vitesse initiale.

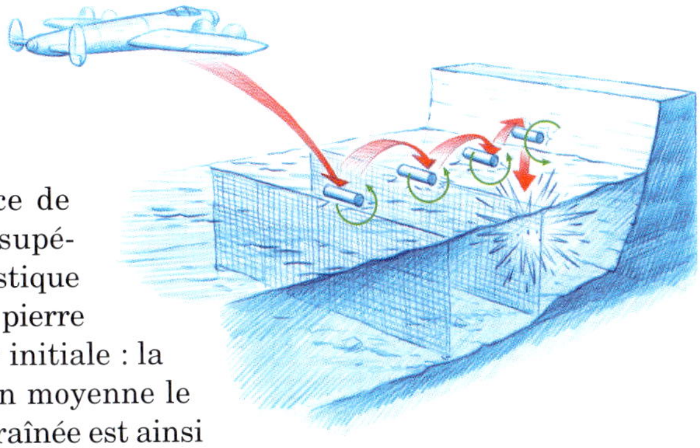

3. Les alliés ont détruit un barrage allemand en faisant ricocher sur l'eau des bombes pesant quelques tonnes. La rotation rapide de la bombe sur elle-même maintenait son orientation.

Ne lancer ni trop haut ni trop bas

Qu'en est-il maintenant du rebond? La force de portance est nulle quand la pierre est en l'air et supérieure au poids durant le rebond. Le caractère élastique du choc assure néanmoins qu'entre deux rebonds la pierre revient toujours approximativement à sa hauteur initiale : la force de portance a donc exactement compensé en moyenne le poids, comme dans le régime de glisse. La force de traînée est ainsi identique en moyenne à celle qui existe en situation de glisse. Cela signifie que la distance parcourue par la pierre avant de sombrer ne dépend que de la vitesse horizontale initiale et pas du nombre de rebonds. Comme la durée totale de suspension est invariable, il est essentiel de lancer la pierre à l'horizontale et le plus bas possible. Si on la lance de trop haut ou si on l'envoie dans l'eau trop inclinée, elle rebondira haut : les rebonds seront alors très espacés et la distance limite sera atteinte en peu de rebonds. Au contraire, plus le lancer sera horizontal et proche de l'eau, plus les rebonds seront de faible amplitude et se succéderont rapidement et, pour une distance donnée, le nombre de rebonds sera d'autant plus élevé.

En réalité, le choc avec l'eau n'est pas parfaitement élastique : à chaque rebond, la hauteur de rebond diminue. Comme pour une bille que l'on laisse rebondir sur le sol, la pierre va s'arrêter de rebondir au bout d'un temps fini : les rebonds cessent quand la hauteur de rebond devient inférieure à l'enfoncement de la pierre. Si le temps au bout duquel les rebonds s'arrêtent est inférieur au temps que la pierre met pour s'arrêter, celle-ci poursuit son chemin en glissant avant de s'enfoncer : c'est ce que l'on observe si l'on lance la pierre très bas. Ainsi, l'idéal est d'ajuster la hauteur de lancer de manière à ce que ces deux temps coïncident.

Récapitulons : une vitesse horizontale la plus élevée possible, un petit mouvement de rotation, un lancer à plat d'une hauteur convenablement choisie. En suivant ces conseils, peut-être pourrons-nous atteindre le record mythique non homologué d'un nombre infini de rebonds! Lors d'une compétition un jour de brume, l'une des pierres est allée se perdre dans le brouillard. En l'absence d'information supplémentaire, le jury a déclaré vainqueur le lanceur en lui attribuant un score infini. Par sagesse, ce record n'a toutefois pas été homologué par les instances de ce sport.

G. Courty

Fluvial ou torrentiel ?

Selon que le débit d'un cours d'eau est fort ou faible, les irrégularités du lit modèlent différemment la profondeur de l'eau et sa vitesse.

Orage d'été. En quelques heures, la paisible rivière qui serpente au fond de la gorge s'est transformée en un torrent impétueux. Le kayak qui s'y est aventuré est ballotté en tous sens. Ses deux occupants, sportifs et néanmoins curieux, s'interrogent tout en pagayant : pourquoi cette transition d'un écoulement de type fluvial à un écoulement torrentiel ? Simple question de débit d'eau qui augmente ? Le phénomène est plus subtil qu'il n'y paraît, et nos deux kayakistes devront éviter de se noyer dans les lois de l'hydraulique.

Tout d'abord, pourquoi une rivière coule-t-elle ? À cause de la gravité. L'eau glisse sur le lit incliné du cours d'eau. Autrement dit, la force motrice est la projection du poids de l'eau le long de la pente. Pour un fleuve tel que la Seine, la pente est très faible. La Seine descend de 471 mètres sur une longueur de 776 kilomètres, d'où une pente (tangente de l'angle) moyenne de 0,6 millième : ici, la force motrice agissant sur une tonne d'eau correspond à un poids de 600 grammes. L'eau n'accélère cependant pas continûment. Elle garde une vitesse constante, car la force motrice est contrebalancée par les frottements sur les parois du cours d'eau – surtout le fond du lit lorsque le cours d'eau est bien plus large que profond, ce que l'on supposera dans la suite. Pour des parois réelles, hétérogènes et rugueuses, l'écoulement est turbulent à leur proximité, et la force de frottement est alors proportionnelle au carré de la vitesse moyenne de l'écoulement de l'eau.

Débit, vitesse et tirant d'eau

Comment varie la vitesse avec la profondeur d'eau ? Pour le savoir, on considère une tranche du fleuve et l'on impose que son poids moteur (proportionnel à l'aire de la section (largeur × profondeur) du fleuve et à la pente) soit égal, en régime permanent, à la force de frottement (proportionnelle au carré de la vitesse et à la largeur du cours d'eau). On trouve ainsi que la vitesse est proportionnelle à la racine carrée du produit de la pente et du tirant d'eau (la profondeur d'eau). Cette formule, énoncée par l'ingénieur français Antoine Chézy en 1775, a été améliorée en 1923 pour prendre en compte le fait que la force de frottement dépend de la profondeur ; la puissance à laquelle la profondeur intervient dans l'expression de la vitesse est alors 2/3 et non 1/2.

Le débit étant égal au produit de la vitesse par la section, on en déduit que le tirant d'eau croît comme la puissance 3/5 du débit, et que la vitesse croît comme la puissance 2/5 du débit. Autrement dit, quand le débit augmente, le tirant d'eau et la vitesse augmentent tous deux.

En pratique, le débit est fixé par le volume des précipitations et par l'étendue du bassin fluvial. Le tirant d'eau et la vitesse du fleuve s'ajustent en conséquence. Si le débit imposé par les précipitations excède le débit correspondant à un tirant d'eau égal à la profondeur du lit, c'est l'inondation. Dans le cas de la Seine, le débit peut varier d'environ 80 mètres cubes par seconde en période de fort étiage à 2 600 mètres cubes par seconde en cas de crue exceptionnelle ; le tirant d'eau varie donc d'un facteur huit.

Qu'advient-il du tirant d'eau et de la vitesse d'écoulement lorsque le cours d'eau est perturbé, par exemple par la présence d'une bosse au fond du lit du fleuve ? Suivons une tranche d'eau dans sa progression lorsqu'elle franchit l'obstacle. Si l'obstacle est petit, la dissipation d'énergie est négligeable et l'énergie de la tranche d'eau peut être considérée comme constante. C'est aussi le cas du débit, car la quantité de matière se conserve de l'amont à l'aval.

Deux cas extrêmes éclairent les comportements possibles de l'eau confrontée à un obstacle. Considérons d'abord un torrent, où l'écoulement est rapide. Tout comme un cycliste franchissant une bosse en roue libre, la vitesse de l'eau va diminuer : l'énergie cinétique est convertie en énergie potentielle de gravité afin de surmonter l'obstacle. La conservation du

1. Chaque tranche d'eau s'écoule sous l'effet de son propre poids (en noir), en raison de l'inclinaison du lit du cours d'eau. À la force motrice *(en rouge)* due à la gravité s'oppose une force de frottement *(en jaune)* due aux aspérités du fond et des parois latérales du lit. En régime permanent, ces deux forces sont égales et impliquent que quand le débit augmente, la vitesse d'écoulement et le tirant d'eau augmentent tous deux.

débit entraîne une augmentation de la profondeur (en fait, l'épaisseur) d'eau.

Un équivalent du nombre de Mach

Pour une même bosse, plus la vitesse d'écoulement est faible, plus le ralentissement est important : il en est donc de même de la variation du tirant d'eau et, par suite, de l'énergie nécessaire au franchissement de l'obstacle. Il faut en effet « payer » l'élévation du centre de gravité de la tranche d'eau, et cette élévation s'accroît quand la vitesse diminue.

Il arrive un moment où la vitesse en amont est trop faible pour que l'énergie cinétique de la tranche d'eau compense le coût en énergie potentielle. Le comportement de l'eau change alors du tout au tout. Puisqu'il n'est pas possible de transformer assez d'énergie cinétique en énergie potentielle, c'est le contraire qui se passe. Au niveau de la bosse, le tirant d'eau diminue ; le centre de gravité de la tranche d'eau s'abaisse et la diminution d'énergie potentielle est récupérée sous forme d'énergie cinétique, laquelle augmente. En conséquence, la vitesse de l'écoulement s'accroît.

2. Lorsque l'écoulement est rapide, la présence d'une bosse dans le fond du lit a pour effet de diminuer la vitesse du courant à cet endroit, de la même façon qu'un cycliste en roue libre ralentit en montant une pente. Le débit étant conservé, le tirant d'eau augmente.

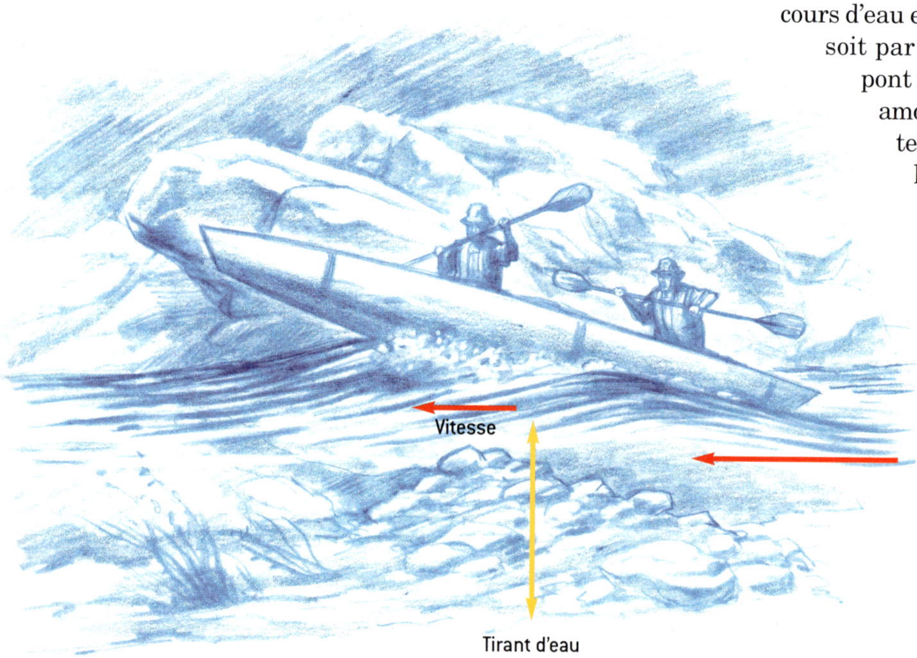

On retrouve ces comportements lorsque le cours d'eau est rétréci, soit naturellement, soit par la présence des arches d'un pont : si l'écoulement est rapide en amont, le tirant d'eau va augmenter et la vitesse diminuer – c'est le régime torrentiel. Dans le cas contraire, le tirant d'eau diminue et la vitesse de l'écoulement s'accroît – c'est le régime fluvial.

Comment déterminer si un cours d'eau a le comportement d'un fleuve ou celui d'un torrent ? En faisant le rapport de l'énergie cinétique à l'énergie potentielle de pesanteur moyenne associée au tirant d'eau. La racine carrée de ce rapport d'énergies, nommée nombre de Froude, est égale à la

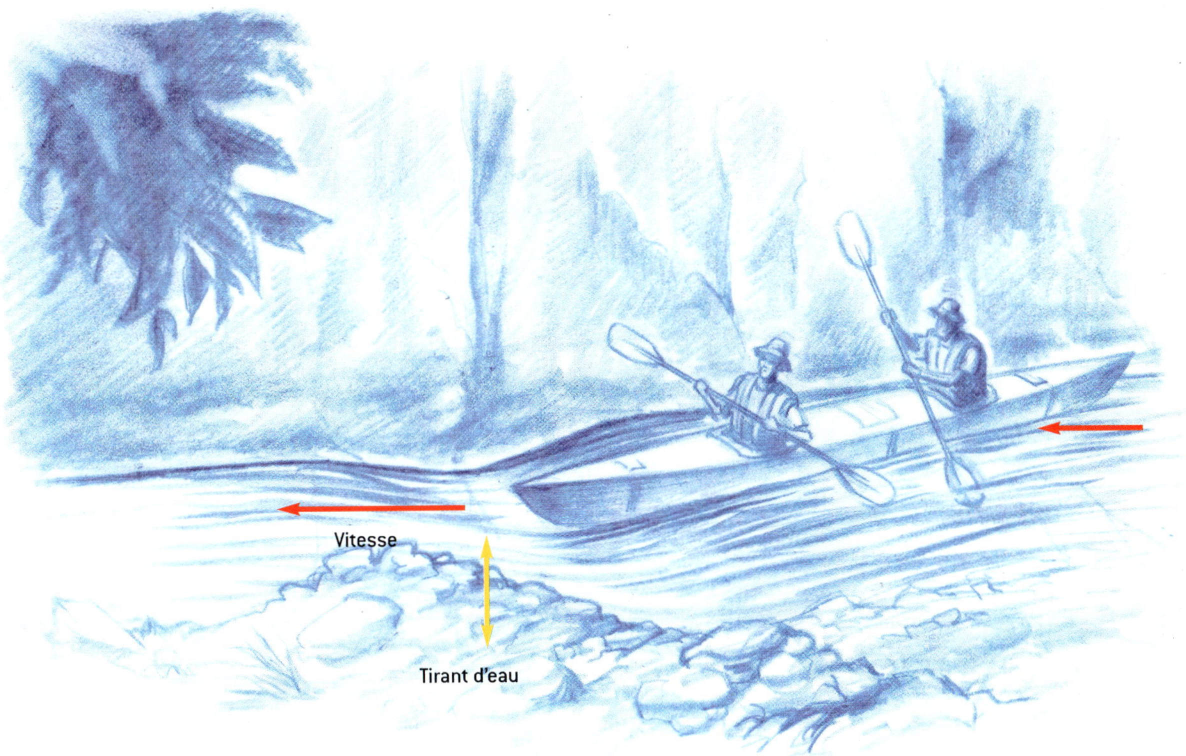

vitesse de l'écoulement divisée par la racine carrée du produit du tirant d'eau par l'accélération de la pesanteur. Ce diviseur est aussi la vitesse de propagation des vagues dans l'eau. Le nombre de Froude est donc l'équivalent hydraulique du nombre de Mach pour les écoulements de gaz. Si la vitesse de l'écoulement est plus faible que la vitesse des vagues, le nombre de Froude est inférieur à un et le régime de l'écoulement est fluvial. Pour une pente plus forte, ou un débit plus important, le nombre de Froude peut dépasser l'unité : c'est l'analogue exact de la transition entre un régime subsonique et un régime supersonique dans les gaz.

L'écoulement dans un caniveau au fond irrégulier illustre cela. En régime fluvial, la surface est à peine ridée. En régime torrentiel, en revanche, il apparaît un sillage – de même nature que le sillage sonore des avions supersoniques. Les vaguelettes créées par l'obstacle se propagent et sont emportées par le courant, ce qui dessine des lignes diagonales dans l'écoulement ; ces structures sont analogues au cône de Mach créé dans l'air par les avions qui dépassent le mur du son.

3. Lorsque l'écoulement est lent, l'énergie cinétique n'est pas suffisante pour que l'eau s'élève complètement au-dessus de l'obstacle. Au lieu de cela, le tirant d'eau diminue à l'endroit de la bosse, ce qui crée un creux à la surface de l'eau. En revanche, l'écoulement y est accéléré.

La nage des poissons

Les poissons nagent selon des modes comparables aux deux principales techniques de rame qui tirent parti soit de la traînée, soit de la portance.

Au XVIIIe siècle, les marins ne ramaient pas : ils « nageaient ». Aujourd'hui le rameur assis le plus près de la poupe d'un « huit » est le « chef de nage » : il donne le rythme à suivre par les autres rameurs. L'expression est profonde de sens : du point de vue physique, les poissons emploient leurs nageoires soit comme un aviron, soit comme une godille. Tandis que la première méthode est idéale pour fuir, la seconde est insurpassable pour nager vite et loin.

Comment se propulse un poisson? Examinons les forces qui s'exercent sur un corps mobile dans un fluide. Une aile d'avion, assimilable à une nageoire, subit deux forces, la traînée et la portance. La traînée, de direction opposée à la vitesse, freine le mouvement de tout mobile dans un fluide. La portance est perpendiculaire à ce mouvement et, comme son nom l'indique, soutient en l'air les avions et les oiseaux. Toutes deux sont proportionnelles au carré de la vitesse de l'objet. La géométrie de l'objet ainsi que son orientation dans le fluide déterminent les coefficients de proportionnalité, nommés coefficients de traînée et de portance. Pour un objet effilé comme une aile d'avion, le coefficient de traînée est typiquement dix fois plus faible que le coefficient de portance. Lorsqu'ils se propulsent, les poissons exploitent soit la traînée, soit la portance, soit... les deux à la fois! Comment?

1. Tel un rameur, la rascasse se propulse en battant des nageoires latérales. Elle manœuvre ainsi avec aisance à faible vitesse.

Propulsion par la traînée

Les poissons qui se propulsent grâce à la traînée s'appuient sur l'eau comme les rameurs. Quand il tire sur son aviron, le rameur qui tourne le dos à la proue déplace sa pelle (la partie immergée de la rame) de l'avant vers l'arrière du bateau ; la force de traînée qui s'exerce sur la pelle s'oppose à son mouvement. Dirigée vers l'avant, elle constitue la force propulsive du bateau. Pour l'accroître, un rameur s'efforce de

2. Les thons et les requins sont d'excellents nageurs, à tel point qu'il leur arrive de traverser des océans. Pour nager vite et loin, ils « godillent », c'est-à-dire qu'ils tordent leurs nageoires caudales de façon à augmenter la portance (la force hydrodynamique motrice) qui s'y applique.

présenter une surface maximale à l'eau pendant qu'il tire sur sa pelle immergée. Il la ramène de l'arrière vers l'avant du bateau en la sortant de l'eau pour éviter de produire une force de traînée de sens contraire qui freinerait le bateau. La rascasse se propulse aussi en utilisant la force de traînée : elle avance en poussant sur ses nageoires latérales déployées, puis elle les couche pour les ramener vers l'avant en minimisant la traînée.

Cette « nage par traînée » a l'inconvénient de n'être efficace que si la vitesse de la nageoire est supérieure à la vitesse relative de l'eau par rapport au rameur : plus le poisson nage vite, moins ses nageoires le propulsent ! Fixons-nous les idées en examinant le cas d'un jeu de nageoires de dix centimètres carrés. Pour démarrer, leur propriétaire les ramène vers l'arrière à une vitesse de un mètre par seconde : la loi donnant la traînée indique que ses nageoires induisent alors une force de un newton. Quand le poisson avance de 50 centimètres par seconde, la vitesse relative de ses nageoires par rapport à l'eau chute à 50 centimètres par seconde et la force propulsive qu'elles induisent (proportionnelle au carré de la vitesse) est alors quatre fois plus faible. Si le poisson avançait de un mètre par seconde, la force de propulsion deviendrait nulle.

Puisque la « nage de traînée » est d'autant plus efficace que la vitesse est faible, la plupart des poissons l'utilisent pour leurs manœuvres à faible vitesse ; en outre, elle leur sert aussi à s'enfuir à partir de l'immobilité. Au lieu de pratiquer « l'aviron de croisière », ils fouettent l'eau de leur nageoire caudale. Les truites en fuite, par exemple, se plient en forme de C, avant de se déplier en un éclair rejetant l'eau vers l'arrière. Elles atteignent des accélérations de plusieurs dizaines de mètres par seconde carré (l'accélération g de la pesanteur, vaut environ dix mètres par seconde carré) ; flèche multicolore, la truite arc-en-ciel se déplie en 80 millisecondes et obtient une accélération de $4g$. Les poissons n'ont pas l'apanage de ces départs foudroyants : les crevettes atteignent plus de $10g$ lors de départs arrêtés !

Propulsion par la portance

Les poissons qui se propulsent grâce à la portance pratiquent une technique analogue à la godille. La portance est perpendiculaire au mouvement de la nageoire par rapport à l'eau. Pour que cette force soit dirigée vers l'avant, le poisson fait aller et venir sa nageoire caudale perpendiculairement à la direction de progression. Ce principe est celui de la godille, technique de propulsion des bateaux avec une seule rame : les matelots qui la maîtrisent enfoncent un aviron dans l'eau à l'arrière de l'embarcation. Ils effectuent un va-et-vient de la gauche vers la droite en changeant l'inclinaison à chaque passage. La pelle reste quasi parallèle à l'arrière du bateau, son bord d'attaque légèrement vers l'avant. La godille exige un bon « coup de poignet », car elle perd vite son efficacité quand la pelle n'est pas correctement placée par rapport à la marche du bateau.

3. Mouvement aller-retour de la godille et forces mises en jeu.

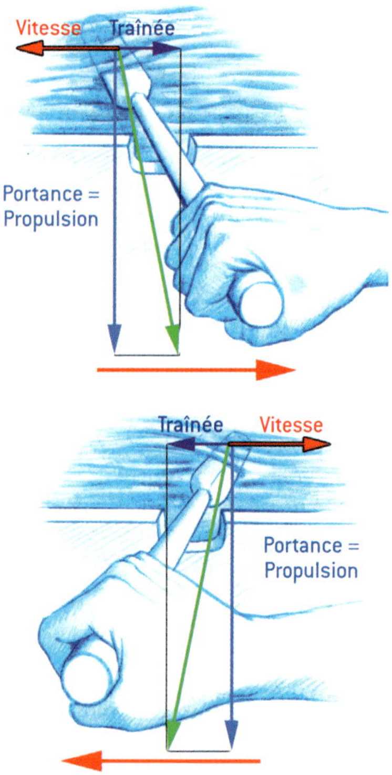

La godille a de multiples avantages sur l'aviron : la continuité de son mouvement lui confère une grande souplesse ; en outre, elle est mieux adaptée au déplacement de lourdes charges. Pour nous en convaincre, supposons qu'un marinier essaye successivement de déplacer une barge, en appuyant sur le fond avec une perche, en ramant ou en godillant. Dans le premier cas, la perche s'appuie sur le fond sans glisser : tout le travail du marinier est alors utilisé pour propulser l'esquif, mais la profondeur ne peut être trop grande. Lorsqu'il rame, la traînée de la pelle est la force propulsive. Comme la pelle se déplace par rapport à l'eau (elle « glisse »), une puissance non négligeable est dissipée inutilement (frottements, tourbillons). Quand le matelot godille, la force propulsive n'est pas la traînée, mais la portance, approximativement perpendiculaire au mouvement de la rame ; elle travaille peu à ralentir la godille puisque le travail d'une force perpendiculaire au mouvement est nul. Seule source de perte d'énergie, la traînée sur la godille est environ dix fois plus faible que la portance qui s'y applique. Ainsi, à force propulsive et vitesse de rame égales, le marinier dissipe dix fois moins d'énergie dans l'eau quand il godille que quand il rame.

La godille est plus efficace

4. La godille est une technique pour propulser une embarcation avec une seule rame dont l'extrémité trace dans l'eau des zigzag.

De plus, contrairement à la rame, la godille augmente en efficacité avec la vitesse. Prenons l'exemple d'une godille de dix centimètres de large et de un mètre de long (partie immergée). Déplacée de un mètre par seconde, le bateau étant à l'arrêt, elle engendre une force propulsive d'environ 40 newtons (4 kilogrammes-forces). Si le matelot continue son mouvement à l'identique quand le bateau est lancé à un mètre par seconde, la vitesse relative de la rame par rapport à l'eau est d'environ 1,4 mètre par seconde (la longueur de l'hypoténuse du triangle isocèle rectangle formé par les deux vitesses de un mètre par seconde) et orientée à 45 degrés par rapport à la direction du bateau. Comme la portance est proportionnelle au carré de la vitesse de la rame par rapport à l'eau, elle est donc deux fois plus importante que précédemment. Bien que cette force ne soit plus dirigée vers l'avant, sa composante dans le sens du mouvement reste supérieure de 40 pour cent à la force obtenue lorsque le bateau est au repos.

Ces avantages expliquent pourquoi les mariniers chinois et japonais employaient beaucoup la godille. Dans ces deux pays, elle se pratique avec une rame spéciale nommée *yuloh* en chinois et *ro* en japonais *(voir vignette page 126)*. Longue et légèrement recourbée, cette rame est placée presque à l'horizontale sur le plat-bord de la poupe. Une corde la maintient à son extrémité, de sorte que le rameur, n'ayant pas à maintenir son yuloh, se concentre sur les efforts à fournir pour lui imprimer un va-et-vient. Il modifie aussi l'orientation de la rame avant chaque retour. Un marinier chinois habile déplace un sampan de six mètres de long à cinq kilomètres par heure !

Les poissons hauturiers godillent

Les meilleurs nageurs des mers emploient aussi la godille. Poissons et cétacés possèdent un corps massif emmanché d'une mince queue terminée par une large nageoire. Verticale chez les requins et les thons, la nageoire caudale est horizontale chez les dauphins et les baleines. En forme d'aile, sa dimension perpendiculaire au corps est supérieure à sa profondeur et sa surface effilée maximise la portance. Elle est aussi très souple, ce qui permet aux poissons, comme aux cétacés, de la tordre fortement pour optimiser la portance qu'elle engendre. Ce mode de propulsion est si efficace que certains thons atteignent et maintiennent des vitesses supérieures à 80 kilomètres par heure. Quant aux requins, nombre d'entre eux vivent de thon…

G. Courty

L'équilibre à vélo

L'équilibre des vélos ou des motos dans les virages est un jeu subtil que règle la force centrifuge.

La vie, c'est comme le vélo.
Il faut progresser pour ne pas perdre l'équilibre.
Albert Einstein

Le Tour de France a célébré son centenaire en 2003 et nous avons fêté cette occasion en réexaminant comment les forçats de la route restent en équilibre et dirigent leur monture. Le problème est difficile : aussi, aux abords de la caravane, une dispute fait rage. Un motard clame que, pour virer à droite, il faut d'abord tourner un peu son guidon vers la gauche. Un cycliste hurle : « Non, on tourne évidemment son guidon à droite pour tourner à droite ! »

La physique, comme nous allons le voir, assure que, malgré les techniques différentes, les deux bicycles emploient le même phénomène physique pour virer… Toutefois ce phénomène est-il l'effet gyroscopique ou l'accélération centrifuge ?

Pour commencer, analysons l'équilibre d'un deux-roues. L'engin est instable : quand nous le lâchons, il bascule soit d'un côté, soit de l'autre. Observons en revanche son comportement lorsque nous le lançons : il reste à la verticale pendant plusieurs mètres. Le motard pense que l'équilibre des deux-roues résulte de l'effet gyroscopique. « C'est comme avec une toupie qui n'est stable qu'en rotation, assure-t-il. Les roues sont deux toupies dont l'axe de rotation est horizontal. »

La force centrifuge

L'effet gyroscopique est bien la résistance qui contrecarre tout changement d'orientation de l'axe d'un objet en rotation et qui fait que la toupie ne tombe pas, mais, le motocycliste a tort : l'effet gyroscopique dû à la rotation des roues de bicyclette est présent, mais trop faible (leur masse est trop petite et elles ne tournent pas assez vite). Le facteur déterminant est bien la force centrifuge.

La force centrifuge est cette force qui tend à vous éjecter de votre siège lorsque vous prenez un virage. La controverse règne quant à la nature de cette force : elle existe selon certains, pas pour d'autres.

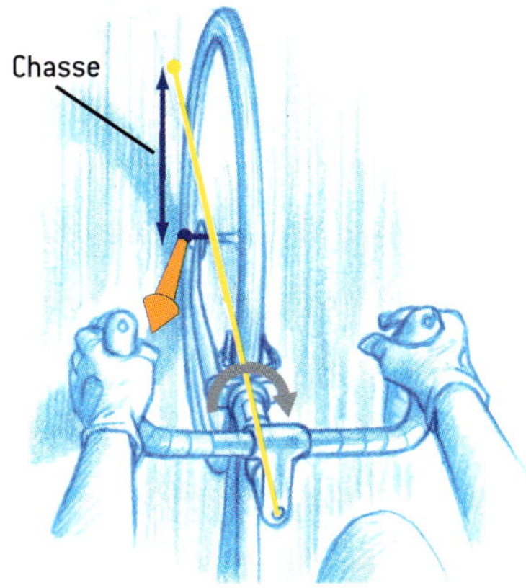

1. La chasse d'un deux-roues est la distance qui sépare le point de contact de la roue avant avec le sol et le point d'intersection du prolongement *(en jaune)* de la fourche avec le sol. Quand le cycliste ou le motocycliste se penche d'un côté, vers la droite par exemple, la réaction du sol crée un couple proportionnel à la chasse qui tend à faire tourner le guidon vers la droite. Ainsi pour tourner, il suffit de se pencher, ce que font les motocyclistes de compétition qui ne tournent pas le guidon.

Ainsi, quelqu'un (un observateur extérieur disent les physiciens) qui regarde virer brutalement une voiture voit que le passager a tendance à poursuivre en ligne droite et que le véhicule, en tournant, contraint le passager à incurver sa trajectoire. Oublions cette dispute byzantine et plaçons-nous du point de vue de l'utilisateur qui, lui, ressent une force centrifuge horizontale et dirigée vers l'extérieur du virage. Cette force s'applique au centre de gravité de l'ensemble et son intensité est égale au produit de la masse de l'équipage par le carré de sa vitesse que divise le rayon du virage : ainsi, la force centrifuge subie par un cycliste qui parcourt un virage de 10 mètres de rayon à 36 kilomètres par heure a la même intensité que son poids, mais elle est horizontale alors que le poids est vertical.

« Je comprends maintenant pourquoi les pistes de vélodromes sont inclinées, commente le cycliste, mais pourquoi examiner les virages alors que nous voulons expliquer l'équilibre ? » Nous lui répondons que pour garder son assiette à faible allure, le cycliste n'agite pas les bras comme un funambule : quand il se sent tomber vers la droite il tourne son guidon vers la droite et entame un virage à droite. La force centrifuge s'exerce alors vers la gauche et le redresse. Quand la vitesse augmente, les mouvements du guidon nécessaires pour obtenir la même force centrifuge (proportionnelle au carré de la vitesse) sont moins amples et il est plus facile de rester stable. Au-delà d'une certaine vitesse, il est inutile d'agir sur le guidon : le vélo est naturellement stable, car le guidon tourne de lui-même lorsque le cycle est incliné.

Nous pouvons le constater en marchant à côté d'un vélo tout en le tenant uniquement par la selle. Nous l'inclinons alternativement à gauche et à droite pour que la roue avant pivote : lorsque nous inclinons le vélo vers un côté, le guidon tourne aussi vers le même côté ; à une vitesse suffisante, cette rotation automatique du guidon est la clé de la stabilité.

Ce comportement du guidon provient de l'inclinaison de la fourche et de sa forme. La droite qui prolonge l'axe de rotation du guidon coupe le sol en un point situé devant le point de contact de la roue avec le sol. La distance entre ces deux points est nommée la « chasse ». Quand le vélo est penché vers la droite, la réaction du sol au poids du vélo et de sa monture, dirigée vers le haut, est à gauche du plan du vélo : le prolongement de cette force de réaction ne coupe plus l'axe de rotation du guidon, elle crée donc un couple qui fait tourner le guidon vers la droite. Dans le virage ainsi amorcé une force centrifuge apparaît, dirigée vers la gauche, qui stabilise le vélo. La rotation du guidon est proportionnelle au couple exercé, et donc à la distance entre la droite d'application de la force et l'axe de rotation du guidon, distance qui est d'autant plus grande que la chasse est importante : plus la chasse est grande, plus le vélo est stable. Un vtt à chasse réduite est peu stable : on dote en effet les VTT d'une fourche proche de la verti-

2. L'équilibre d'un deux-roues est assuré quand la résultante du poids et de la force centrifuge est dans le plan du cadre de l'engin *(vélo ci-dessous)*. Pour pencher leurs lourds engins, les motards contre-braquent afin de créer une force centrifuge qui les incline vers l'intérieur du virage.

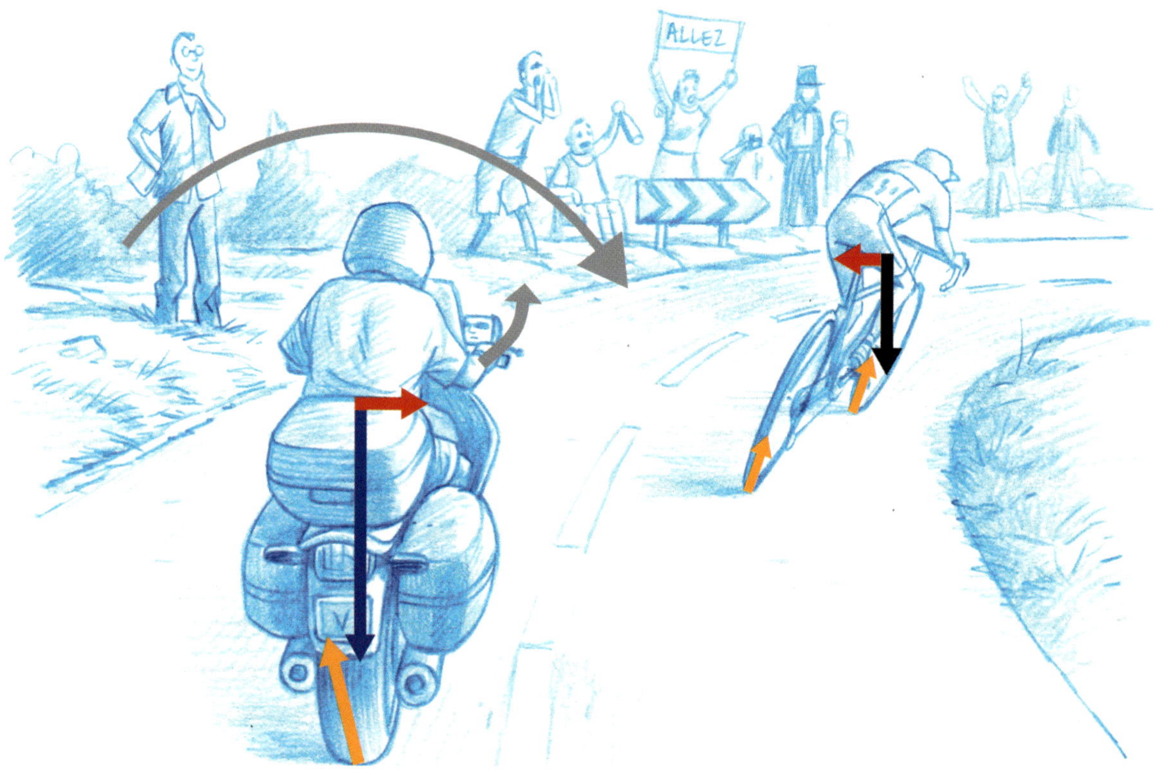

En hommage à Pellos, caricaturiste du Tour de France.

cale afin qu'ils soient maniables. Cela étant, n'enseignez pas le vélo à vos enfants sur un VTT!

Se pencher pour tourner

Si les vélos et les motos sont si stables, comment faire pour tourner ? À vitesse importante, il ne suffit pas de tourner le guidon, car la force centrifuge vous ferait basculer de l'autre côté. Dans un virage le (moto)cycliste se penche jusqu'à ce que la résultante du poids et de la force centrifuge soit dans le plan du cadre de la bicyclette : dans cette configuration, aucun effet de levier ne s'exerce et l'inclinaison reste constante.

Pour tourner, il faut se pencher ; pour vaincre la stabilité des deux-roues quand la vitesse est élevée, le plus astucieux est de contre-braquer pour tirer profit de la force centrifuge. Désirant tourner à droite le motard pousse (paradoxalement) sur la poignée droite de son guidon : sa moto entame un virage vers la gauche. La force centrifuge dirigée vers la droite tend alors à le pencher vers la droite et sous l'effet de la chasse, la roue avant tourne vers la droite pour épouser le virage. Évidemment, tout est affaire de dosage.

Pour sortir du virage, il faut redresser la moto à la verticale en augmentant la force centrifuge : ceci s'obtient en réduisant le rayon de virage et surtout en accélérant.

Pousser le guidon vers la droite pour aller à gauche semble absurde, mais le cycliste exploite un mécanisme similaire quand il roule « sans les mains ». Un léger déport ou coup de hanche à gauche fait que le vélo amorce un virage à gauche et s'incline vers la droite à cause de la force centrifuge. Grâce à la chasse, le guidon suit et il revire vers la droite, et ainsi de suite. Étant donné la faible vitesse, l'équilibre de l'engin n'est pas difficile à modifier : à vélo, un mouvement du corps suffit, quand un contre-braquage est nécessaire à moto.

USFWA

L'hélicoptère à force humaine

L'étude des colibris montre que l'homme aura de grandes difficultés à léviter dans un hélicoptère mû seulement par sa propre force.

En 1977, l'Américain Paul MacReady remporta le prix Kremer pour avoir conçu le *Gossamer Albatros*, un avion mû par la seule force humaine. Aujourd'hui, le constructeur d'hélicoptère *Sikorski* offre 20 000 dollars à celui qui réalisera le premier hélicoptère à force humaine. Est-ce possible ? En examinant le fonctionnement d'un hélicoptère, nous évaluerons la puissance nécessaire au vol stationnaire. Nous en déduirons pourquoi les colibris sont les seuls oiseaux capables de surplace et qu'un homme relèvera difficilement le défi de *Sikorski*.

Principe du vol stationnaire

Chacun l'a constaté : un hélicoptère n'est rien d'autre qu'un énorme ventilateur, dont les pales accélèrent vers le bas de l'air initialement immobile. Selon le principe de l'action et de la réaction, la force exercée par l'air sur les pales est égale, mais de direction opposée, à la force qui met l'air en mouvement. Quand cette force de réaction compense le poids de l'engin, l'hélicoptère est en vol stationnaire.

À quelle vitesse l'air assure-t-il la sustentation ? Grâce à la notion de « disque de sustentation », nous allons contourner les détails hydrodynamiques, et estimer cette vitesse. Nous prenons en compte uniquement l'air qui traverse le disque de sustentation, c'est-à-dire le disque flou que l'on distingue lorsque les pales de l'hélicoptère sont en rotation rapide. La quantité d'air qui traverse ce disque en une seconde est celle contenue dans un cylindre vertical dont la hauteur est égale à la vitesse v de l'air aspiré et la section, la surface S du disque de sustentation. La masse M d'air correspondante est le produit de ce volume Sv par la masse volumique ρ de l'air. L'hélice met en mouvement cette masse d'air $Sv\rho$ à chaque seconde, lui conférant une quantité de mouvement Q égale au produit de cette masse M par la vitesse de l'air, soit $Sv^2\rho$. Cette quantité de mouvement cédée par seconde est la force de sustentation qui doit être égale au poids P de l'hélicoptère. Ainsi, quand la sustentation est établie, la vitesse de l'air

est la racine carrée du quotient du poids par le produit de l'aire S du disque de sustentation et de la masse volumique ρ de l'air ($v = \sqrt{P/S\rho}$).

1. Un hélicoptère propulse vers le bas l'air à travers le disque de sustentation. La réaction de l'air, réfléchit Léonard, compense le poids de l'engin.

Le *Colibri*, le dernier-né d'*Eurocopter*, soulève sa tonne et demie grâce à des pales de cinq mètres de longueur. On trouve donc, qu'en vol stationnaire, il propulse l'air à 12 mètres par seconde (au niveau du sol, un mètre cube d'air pèse 1,3 kilogramme). Quelle est la puissance mécanique développée par un hélicoptère ? En vol stationnaire, seul l'air est mis en mouvement. L'énergie fournie par le moteur est transmise à l'air sous forme d'énergie cinétique. L'énergie fournie par unité de temps (la puissance) est égale à la moitié de la masse d'air M (égale à $Sv\rho$) mise en mouvement à chaque seconde que multiplie le carré de la vitesse v de cet air. La puissance nécessaire ($Sv^3\rho/2$) est donc proportionnelle au cube de la vitesse. Pour le *Colibri*, nous obtenons 90 kilowatts, soit quatre fois moins que les 374 kilowatts du moteur installé sur cet hélicoptère. Rien d'étonnant à cette disparité : le *Colibri* doit aussi monter, accélérer, virer et ceci par tous les vents. On comprend qu'il faille disposer d'une puissance largement supérieure à la puissance minimale de sustentation !

Ainsi, le vol stationnaire est possible avec un apport d'énergie pour accélérer l'air vers le bas. Dans le cas de l'hélicoptère humain, les paramètres sur lesquels nous pouvons agir sont le poids et l'aire du disque de sustentation. En éliminant la vitesse par la condition d'équilibre de l'hélicoptère, on obtient que la puissance minimale nécessaire est égale à $1/2\sqrt{(P^3/S\rho)}$ (en fait, on obtient une meilleure estimation en multipliant le résultat précédent par 1,4). La consigne est d'augmenter l'aire S du disque de sustentation et de diminuer le poids P. Mais nous allons voir que pour les hommes, il y a une autre limitation inattendue : l'évacuation de la chaleur !

Du colibri à l'homme

Pour savoir si le vol stationnaire par la force musculaire humaine sera un jour possible, examinons le cas du colibri, le plus lourd des animaux à sang chaud capable de voler sur place en l'absence de vent. Comme l'hélicoptère, le colibri reste stationnaire en propulsant de l'air vers le bas ; aussi lui associe-t-on un disque de sustentation dont l'aire est celle balayée par les ailes. Notre formule indique une puissance minimale nécessaire de 200 milliwatts pour un colibri à gorge rubis de 8,4 grammes et d'une envergure de 8,5 centimètres.

Un oiseau deux fois plus grand et de morphologie similaire peut-il pratiquer le vol stationnaire ? Proportionnel à son volume, son poids est huit fois supérieur tandis que la surface balayée par ses ailes est quatre fois plus importante. La puissance de sustentation est multipliée par la racine carrée de $8^3/4$, soit 11,3. Qu'en est-il de la puissance musculaire disponible ? Comme le rendement musculaire est de l'ordre de 20 pour cent, l'essentiel de l'énergie produite par les muscles doit être dissipé sous forme de chaleur et évacué par la surface du corps. C'est le facteur limitant, car la puissance musculaire maximale d'un animal à sang chaud croît plutôt comme la surface du corps que comme le volume des muscles : un oiseau deux fois plus grand que notre colibri et de morphologie similaire dispose d'une puissance musculaire au mieux quadruple. Ainsi, quand la taille augmente, la puissance de sustentation nécessaire croît plus vite que la puissance disponible et seul un changement de morphologie peut

2. Les colibris pèsent 20 grammes environ. Comme un hélicoptère, ils pratiquent le vol stationnaire en propulsant l'air vers le bas.

3. **Le *Yuri I*, un hélicoptère à force humaine construit par l'Institut technique de Tokyo, a une envergure de 20,1 mètres et a volé pendant 19,46 secondes.**

pallier ce défaut : si, la longueur des ailes, au lieu de doubler, est multipliée par 5,6, la puissance de sustentation croît dans la même proportion que la puissance musculaire disponible. De telles ailes sont disproportionnées et le surplace semble interdit à tout animal plus lourd que le colibri.

L'homme pèse 10 000 fois plus que le colibri. Un homme de 75 kilogrammes, qui, comme Icare, voudrait imiter le colibri en recouvrant ses bras de plumes (une envergure de deux mètres environ) aurait besoin de sept kilowatts pour pratiquer le vol stationnaire ! Or, la puissance musculaire utile développée par un sportif au cours d'un effort prolongé est d'environ 500 watts et peut temporairement atteindre un kilowatt. L'homme doit allonger les pales de son hélicoptère. Pour ramener la puissance de sustentation d'un engin de 40 kilogrammes à 500 watts, il faut des pales de près de 30 mètres de diamètre.

Le prix *Sikorski* est-il hors d'atteinte ? Pas sûr. Un espoir réside dans les conditions fixées par le constructeur d'hélicoptère : réaliser un vol de 60 secondes au sein d'un carré de dix mètres de côté et atteindre trois mètres d'altitude à un instant du vol. Or, la proximité du sol augmente considérablement la portance, car l'air ne peut traverser le sol. Exploité par certains engins, cet « effet de sol » redonne espoir. Une équipe japonaise a réussi à rester en l'air 20 secondes avec l'hélicoptère à force humaine *Yuri I*.

Mattihou

Aussi vite, aussi haut, aussi fort

La diversité des records d'athlétisme n'est qu'apparente. Nombre d'entre eux résultent de la puissance bien convertie d'un seul muscle : le quadriceps, ce que confirment, les valeurs des records.

Dix secondes aux 100 mètres, six mètres au saut à la perche, neuf mètres au saut en longueur, etc. : les athlètes du sprint et des sauts nous stupéfient. Et les haltérophiles donc qui soulèvent plus de deux fois leur poids ! Pourtant, sous la diversité des chiffres et des disciplines sportives se cache un dénominateur commun : le quadriceps. Ce muscle du dessus de notre cuisse est le plus puissant de notre organisme et détermine nos performances optimales lors des efforts brefs et intenses.

Comment évaluer l'énergie que nos quadriceps sont capables de délivrer ? Pour ce faire, détournons-nous des sports qui sollicitent une grande variété de muscles à la fois et examinons l'haltérophilie. L'un des deux mouvements de cette discipline est l'arraché où l'athlète est initialement accroupi et les bras toujours tendus, se redresse, puis s'abaisse, avant de se relever ensuite.

Dans cet effort, seuls les muscles des cuisses agissent vraiment, le reste du corps ne faisant que suivre. Lors de la première étape, avant de se relever *(voir la figure 1)*, l'haltérophile a contracté ses quadriceps une seule fois. Il a soulevé la barre et ses poids d'une hauteur équivalente au dépliement de la jambe accroupie et lui a donné assez de vitesse pour qu'elle s'élève d'un peu plus d'un mètre. Avec des haltères de 173 kilogrammes (record du monde en 2005 dans la catégorie des moins de 77 kilogrammes), il aura fourni une énergie d'environ 1 700 joules, soit 850 joules par quadriceps.

Cette estimation est-elle raisonnable ? Pour le savoir, effectuons une détente verticale, c'est-à-dire un saut vers le haut sans course d'élan. Si toute cette énergie était convertie en énergie potentielle de gravité, un homme de 80 kilogrammes sauterait à une hauteur de près de deux mètres. Cela paraît beaucoup. Pourtant, en sautant pieds joints, sans course d'élan, un basketteur entraîné s'élève de plus de 80 centimètres. Si l'on tient compte d'une flexion d'appel de 40 centimètres, le centre de gravité de l'athlète se sera élevé de près de 1,2 mètre, soit une énergie de 960 joules, ou 480 joules par quadriceps, le muscle opérant.

La différence par rapport aux 850 joules évoqués plus haut s'explique par la nature différente de l'effort du muscle, bref pour le saut,

plus long lors du soulèvement d'un poids : comme il n'y a pas de charge, le sauteur n'exerce pas une force maximale tout au long de son mouvement. Aussi, dans la suite, nous adopterons la valeur de 500 joules par quadriceps pour estimer les performances des sprinteurs et des sauteurs, et nous considérerons que les athlètes dépensent cette énergie à chaque foulée d'un sprint ou d'une course d'élan.

Environ 500 joules par foulée...

On objectera que notre estimation de 500 joules correspond à un effort unique. Un sportif peut-il délivrer une telle énergie à chaque impulsion ? La réponse est positive dans le cas d'efforts brefs. L'énergie de la contraction des fibres musculaires est fournie par la transformation des molécules d'ATP (adénosine triphosphate) en ADP (adénosine diphosphate). Nos muscles brûlent les réserves initiales d'ATP en une à deux secondes, courte durée qu'étend à environ dix secondes la régénérescence d'ADP en ATP grâce à la phosphocréatine. Ce fonctionnement du muscle, dit anaérobie (sans besoin d'oxygène) et alactique (sans production d'acide lactique), est capable de fournir 20 à 50 kilojoules, de quoi assurer plusieurs dizaines de foulées.

Le mécanisme anaérobie alactique intervient pour les soulèvements, les sprints et les sauts, car il permet de développer instantanément une puissance maximale. Ensuite, pour des efforts plus longs, d'autres mécanismes énergétiques prennent le relais, car l'athlète doit puiser dans les réserves en sucre de l'organisme et utiliser l'oxygène de l'air. Lors d'une course brève, les 500 joules par foulée sont convertis en énergie cinétique. Comme chacun l'a constaté, l'énergie accumulée et la vitesse atteinte ont des limites. Pourquoi ? Les frottements de l'air sont hors de cause car, à une vitesse

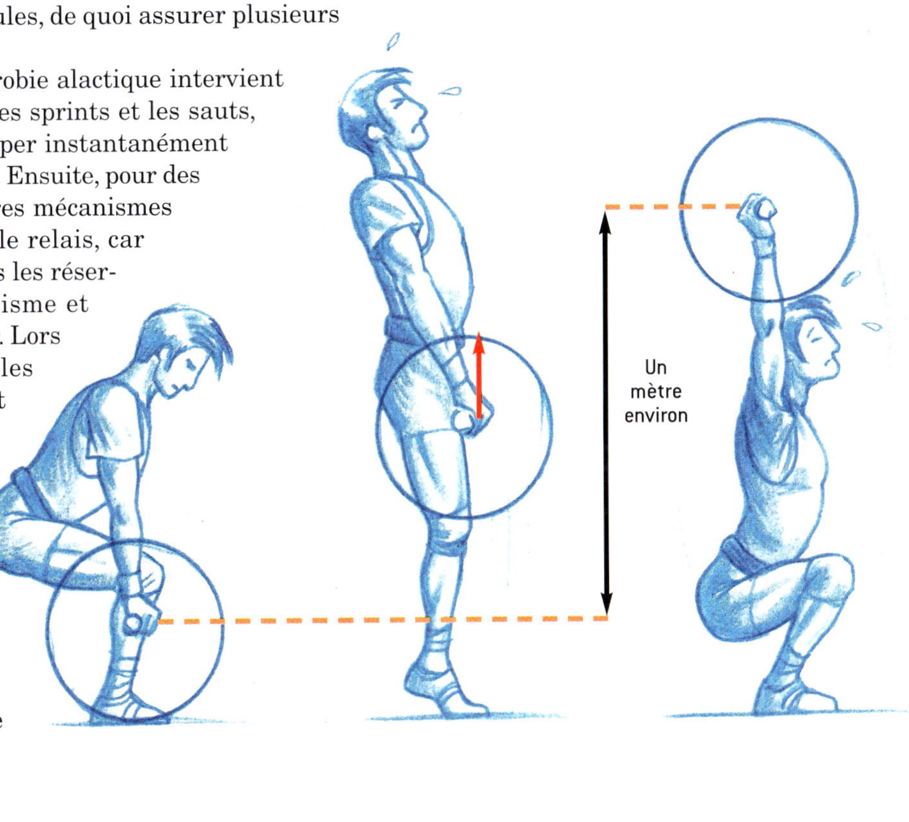

1. En haltérophilie, dans l'arraché, les muscles des cuisses font presque « tout le travail » : l'athlète soulève le poids en se redressant d'un coup et lui communique ce faisant assez de vitesse *(flèche rouge)* pour que le poids s'élève encore pendant qu'il s'abaisse et se place en dessous de la barre.

de dix mètres par seconde, la puissance dissipée par frottement est cinq à six fois inférieure à la puissance musculaire disponible. La véritable limite provient du mécanisme même de la course : les jambes de l'athlète n'ont pas une vitesse constante, puisque chaque pied passe alternativement de l'immobilité (lorsqu'il est à terre) à une vitesse double de celle du coureur.

2. Chez un coureur, la jambe qui le propulse lors d'une foulée est celle qui touche le sol. Par rapport au corps de l'athlète, le mouvement de cette jambe correspond à peu près à celui d'une tige rigide qui pivote (flèche bleue) autour de la hanche. La vitesse du pied *(flèche rouge)* est maximale au moment où la jambe passe à la verticale du bassin.

... pour atteindre une dizaine de mètres par seconde...

Le coureur renouvelle à chaque foulée l'énergie cinétique de sa jambe. Par rapport au tronc du coureur, le mouvement de la jambe, à peu près rigide, est assimilable à un mouvement de rotation autour des hanches. Lorsqu'elle passe à la verticale du bassin, chaque jambe a alors une énergie cinétique égale au sixième du produit de sa masse par le carré de la vitesse du coureur (un sixième et non la moitié, car la vitesse d'un point de la jambe décroît en remontant du pied au haut de la cuisse).

Estimons le maximum de la vitesse du coureur. La masse totale d'une jambe (avec le pied) représente environ 20 pour cent de la masse corporelle. Pour un coureur de 80 kilogrammes, cela fait 16 kilogrammes. Une énergie cinétique de 500 joules, acquise toujours grâce au quadriceps, correspond alors à une vitesse du pied d'environ 13,5 mètres par seconde. Cette valeur est très proche des quelque 12 mètres par seconde atteints par les meilleurs sprinteurs. Adoptons la valeur de dix mètres par seconde, plus réaliste lorsqu'il s'agit d'autres athlètes.

Après le sprint, sautons en longueur. L'énergie cinétique acquise lors de la course, 4 000 joules pour une vitesse de dix mètres par seconde, est destinée à propul-

3. La perche permet au sauteur de transformer son énergie cinétique, acquise par une course d'élan, en énergie élastique. En se redressant, la perche restitue cette énergie cinétique, qui est utilisée par l'athlète pour gagner de la hauteur et franchir la barre. C'est un outil très efficace pour transformer une vitesse de direction horizontale en une vitesse verticale. Le record de hauteur ainsi atteint est proche de la valeur théorique calculée sur la base d'une vitesse horizontale de dix mètres par seconde.

ser l'athlète le plus loin possible selon l'horizontale. Un résultat de la balistique est que l'optimum s'obtient avec un angle de saut à 45 degrés. La distance franchie est alors égale au carré de la vitesse divisé par l'accélération de la pesanteur, soit, dans notre cas, dix mètres. Le record du monde – 8,95 mètres – n'est pas très différent !

En fait, les sauteurs bénéficient de l'abaissement de leur centre de gravité entre l'appel et la réception, ce qui leur fait gagner de la longueur. La difficulté, de nature morphologique, est de transformer une vitesse initiale horizontale en une vitesse inclinée par rapport au sol. Cela se traduit par une grosse perte d'énergie dans les articulations et les muscles.

Preuve en est dans le saut en hauteur, où une vitesse de dix mètres par seconde devrait permettre au sauteur de s'élever de cinq mètres, soit quelque six mètres en tenant compte de l'élévation de son centre de gravité. Le record actuel n'est que de 2,45 mètres.

... et pour s'élever de six mètres

En revanche, il est de 6,14 mètres à la perche. Est-ce un hasard ? Non. La perche permet au sauteur d'utiliser efficacement son énergie cinétique initiale. Au moment où le sauteur bloque sa perche, son impulsion est dirigée presque toute vers l'avant. La perche se tord et stocke temporairement l'énergie fournie par l'athlète sous forme d'énergie élastique de flexion ; cette énergie est progressivement restituée quand la perche se détend jusqu'à la verticale, ce qui permet au sauteur de s'élever. Dans ce cas, l'optimum est presque atteint. Ainsi, malgré leurs différences morphologiques, les recordmen du monde, Asafa Powell (100 mètres), Javier Sotomayor (hauteur), Mike Powell (longueur), Sergeï Bubka (perche), Rezazadeh Hossein ont des performances équivalentes : le quadriceps vous dis-je !

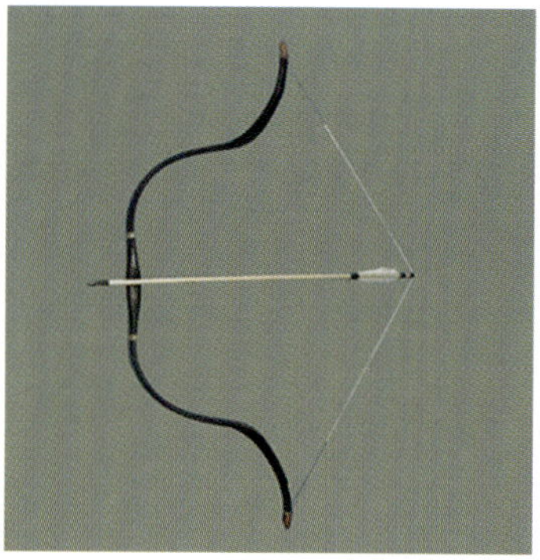

L'arc, merveille technique

À quoi tient le succès de l'arc ?
À la simplicité de cette arme et à l'étonnante efficacité avec laquelle elle transfère son énergie à la flèche.

Aujourd'hui discipline olympique, symbole de geste gracieux et pacifique, le tir à l'arc fut longtemps une pratique redoutable. Jusqu'à l'apparition des mousquets et arquebuses, aucune autre arme de jet n'égalait l'arc. Simple et rapide à utiliser, il transfère à la flèche une énergie considérable. Pourquoi le stockage de l'énergie et sa restitution au projectile sont-ils aussi efficaces ?

L'arc est plus rapide et léger que la catapulte et le trébuchet, engins exploitant l'énergie potentielle de gravitation d'un lourd contrepoids qu'il faut au préalable soulever. Il est plus précis et demande moins d'espace que la fronde, où l'on accumule de l'énergie cinétique en faisant tournoyer de plus en plus vite le projectile. Le geste pour armer un arc est simple : en tirant sur la corde, l'archer fléchit les branches de son arc et l'énergie de déformation élastique ainsi emmagasinée est prête à être cédée à la flèche.

La valeur maximale de cette énergie ne dépend que de grandeurs physiologiques : l'allonge de l'archer, c'est-à-dire l'amplitude du mouvement de sa main lorsqu'il tend la corde, et la force maximale qu'il peut exercer – et surtout maintenir quelques instants pour viser confortablement. En supposant que l'archer applique la même force tout au long de son action, l'énergie stockée est égale au produit de la force par l'allonge. Pour un archer entraîné de taille moyenne, l'allonge, déterminée par la taille des bras, est d'environ 70 centimètres et la force maximale avoisine les 50 livres selon l'unité consacrée chez les archers – soit environ 222 newtons. L'énergie maximale emmagasinée dans l'arc serait alors de 156 joules, valeur que l'on considérera comme l'optimum.

Un arc recourbé diminue l'effort

En réalité, la force exercée par l'archer n'est pas constante : initialement nulle, elle croît pour atteindre sa valeur maximale à la fin du mouvement de la main. Lorsqu'on tend un arc droit (tel le *longbow* anglais qui ravagea la chevalerie française à Crécy, en 1346), la force exercée est proportionnelle à l'amplitude du mouvement, comme pour un ressort. L'énergie stockée est alors la moitié de l'optimum, 78 joules dans notre exemple, assez pour propulser une flèche de 20 grammes à près de 320 kilomètres par heure.

Comment surpasser l'arc droit et se rapprocher de l'optimum ? En utilisant un arc recourbé, dit « recurve », comme le font les archers modernes et comme le faisaient déjà les Perses dans l'Antiquité. Grâce à la forme recourbée, la force de rappel de la corde augmente fortement en début d'allonge, mais beaucoup plus lentement en fin de mouvement.

En l'absence de corde, l'arc est courbé à ses extrémités dans le sens inverse de la poignée. Il faut exercer un effort considérable pour le bander, c'est-à-dire pour y fixer la corde. Celle-ci est sous forte tension avant même que l'archer ne commence à armer. Au début de l'allonge, la partie de la corde située à proximité des points de fixation est au contact des branches. À mesure que les branches se déplient, la corde décolle de l'arc et le point de contact de la corde avec le bras de l'arc s'éloigne de l'axe matérialisé par la flèche. Le bras de levier de la force exercée par la corde sur l'arc s'allonge *(voir la figure 2)*. Pour une même valeur du moment appliqué (produit de la force par son bras de levier), l'intensité de la force est donc inférieure. De ce fait, en comparaison avec un arc droit, la force nécessaire pour tendre l'arc recurve n'augmente que modérément au cours de l'allonge.

En pratique, les arcs recurve permettent d'accumuler 40 pour cent d'énergie de plus que les arcs droits et atteindre 70 pour cent de l'optimum. Pour une même énergie stockée, un arc recurve est plus petit qu'un arc traditionnel. Il est plus maniable et convient mieux aux cavaliers. On ne s'étonnera plus qu'il ait constitué une arme de choix pour les hordes mongoles. Une invention moderne,

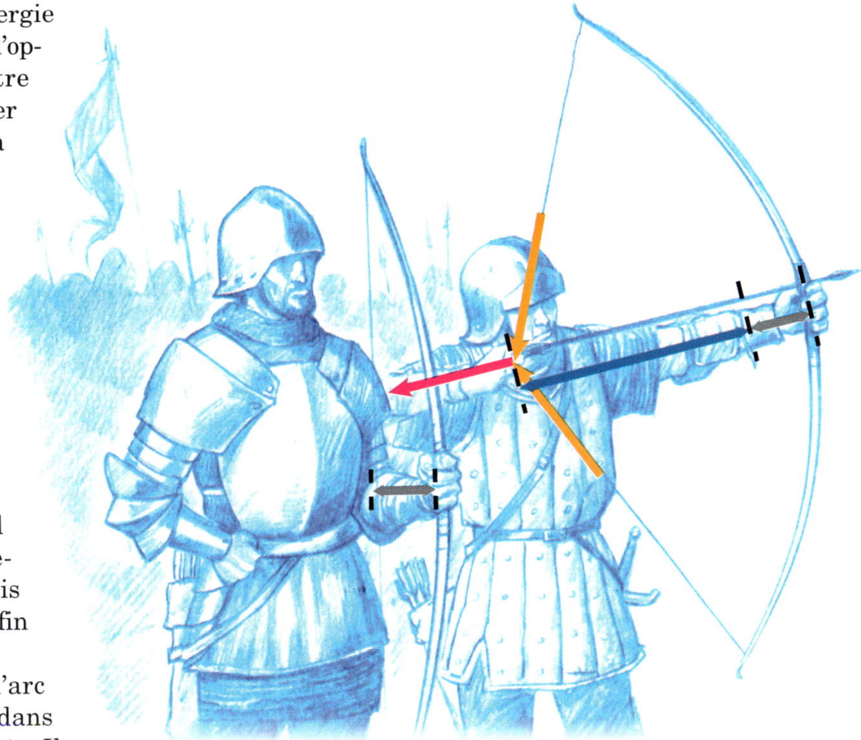

1. L'allonge d'un arc est la distance dont la corde a été écartée lorsque l'archer a armé *(en bleu foncé)*. L'énergie emmagasinée dépend de cette allonge et de la force exercée *(en rouge; les flèches orange indiquent la tension de la corde)* pour tendre l'arc. Dans un arc droit, cette énergie est égale à la moitié de l'optimum (produit de l'allonge par la force maximale).

l'arc à poulies, fait encore mieux. Grâce à des poulies montées sur les extrémités de l'arc, la force de traction diminue considérablement en fin de mouvement, pour atteindre seulement 30 pour cent de la force maximale. Ces arcs très puissants nécessitent transitoirement une grande force pour être armés, mais le maintien de la tension en phase finale est aisé, ce qui permet de viser très confortablement.

Quelle énergie va à la flèche ?

Une fois l'énergie accumulée, l'arc doit en céder la majeure partie à la flèche. Or si le projectile emporte toute l'énergie, c'est que l'arme n'en conserve aucune : ni énergie de déformation, ni énergie cinétique. À l'instant où le projectile part, le système propulseur doit se retrouver immobile et dans sa position de repos. L'observation d'un lanceur de javelot nous montre la difficulté de la tâche : en fin de mouvement, sa main est animée de la même vitesse que le javelot. Pour communiquer de l'énergie à son projectile, un lanceur de poids ou de javelot gaspille de l'énergie pour accélérer son corps et son bras. Les arcs modernes, eux, transfèrent à la flèche jusqu'à 80 pour cent de l'énergie stockée.

D'où vient cette efficacité ? Examinons la vitesse des différents éléments de l'arc lorsque la flèche le quitte, c'est-à-dire lorsque la

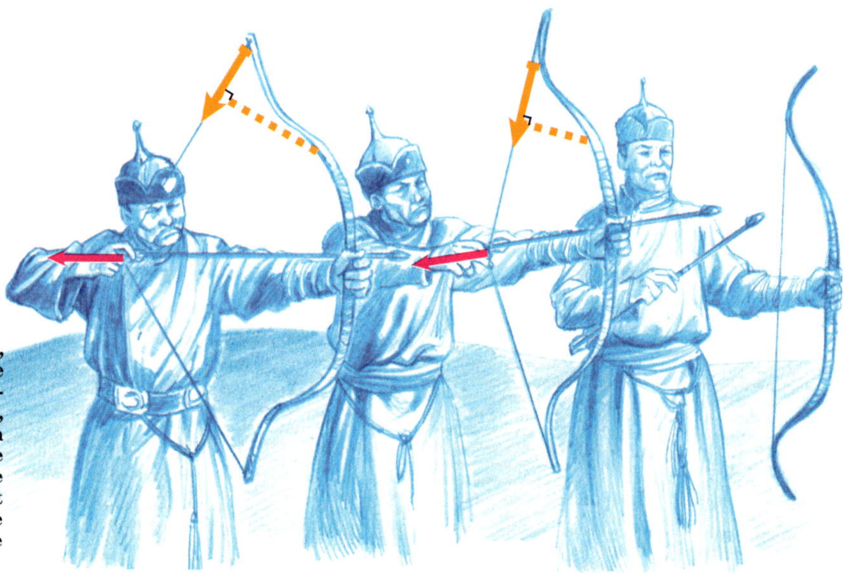

2. Quand un arc recurve est armé, le bras de levier *(en pointillés)* de la force *(en trait plein orange)* exercée par la corde sur l'arc augmente, ce qui réduit l'effort de l'archer : la force tirant la corde n'augmente que lentement avec l'allonge. Le bras de levier s'exerce sur un point situé vers le milieu de la branche de l'arc, à l'endroit où celle-ci ploie le plus facilement.

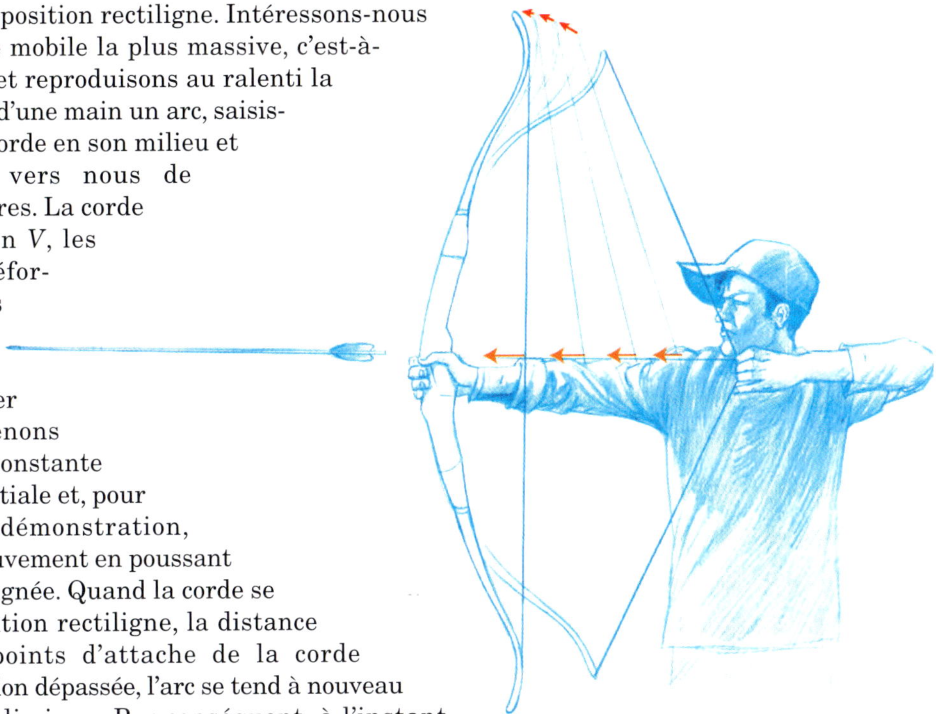

corde passe par sa position rectiligne. Intéressons-nous d'abord à la partie mobile la plus massive, c'est-à-dire les branches, et reproduisons au ralenti la situation. Prenons d'une main un arc, saisissons de l'autre la corde en son milieu et tirons la corde vers nous de quelques centimètres. La corde prend l'allure d'un *V*, les bras de l'arc se déforment et les points d'attache sur l'arc se rapprochent. Pour simuler la fin du tir, ramenons la corde à vitesse constante vers sa position initiale et, pour les besoins de la démonstration, poursuivons le mouvement en poussant la corde vers la poignée. Quand la corde se dirige vers la position rectiligne, la distance entre les deux points d'attache de la corde augmente ; la position dépassée, l'arc se tend à nouveau et cette distance diminue. Par conséquent, à l'instant même où la corde atteint sa position rectiligne, la vitesse relative entre les deux points d'attache de la corde est nulle. Il s'agit plus précisément de la vitesse verticale, mais on peut constater que la vitesse horizontale des branches de l'arc est également nulle à ce moment. Autrement dit, à l'instant où la flèche est lâchée, les bras de l'arc sont immobiles tandis que, et c'est là toute l'astuce, la corde ne l'est pas.

3. Lorsque la corde est lâchée, elle accélère jusqu'à sa position rectiligne. Simultanément, la vitesse de l'extrémité de l'arc diminue et s'annule : toute l'énergie cinétique est concentrée dans la corde et dans la flèche à l'instant où celle-ci est propulsée, d'où l'efficacité du transfert d'énergie.

La corde est ainsi la seule partie mobile de l'engin au moment où la flèche part. Si les bras de l'arc sont parfaitement élastiques, toute l'énergie accumulée se retrouve sous forme d'énergie cinétique et se répartit entre la flèche et la corde dans un rapport qui est le même que celui de leurs masses. Une flèche pèse environ 20 grammes, une corde 6 grammes. En tenant compte du fait que les différentes parties de la corde n'ont pas la même vitesse, la masse « effective » de la corde est divisée par trois, ce qui fait deux grammes. La flèche récupère donc près de 90 pour cent de l'énergie stockée. Pour le bonheur des archers, les effets parasites, tels que l'élasticité de la corde, les vibrations de cette dernière ou celles de l'arc quand on décoche, affectent peu cette performance. Pleine d'énergie, la flèche part vers la cible. L'atteindra-t-elle ?

Suivez la flèche...

Pour qu'une flèche atteigne sa cible, elle ne doit pas seulement être décochée par un archer aux gestes précis : il faut aussi que sa rigidité soit adaptée à l'arc qui la propulse, de façon à ce qu'elle évite le manche.

À une distance de 70 mètres, les meilleurs archers mondiaux décochent la moitié de leurs flèches à moins de cinq centimètres du centre de la cible. Une telle précision est impressionnante : la trajectoire du trait est loin d'être rectiligne et la flèche subit de multiples et parfois subtiles forces parasites. Comment la dextérité de l'archer ainsi que la conception des flèches assurent-elles un tir aussi précis ?

Les cibles du tir à l'arc ont un disque central de 10 centimètres de diamètre. À 70 mètres, l'archer le voit sous un angle de moins d'un dixième de degré, et doit ajuster la position de la corde et de ses mains au millimètre près – tout en reproduisant avec cette précision le même mouvement d'un tir à l'autre. Pour ce faire, il se sert de son nez et de ses lèvres comme repères, puis aligne le viseur de l'arc avec le centre de la cible.

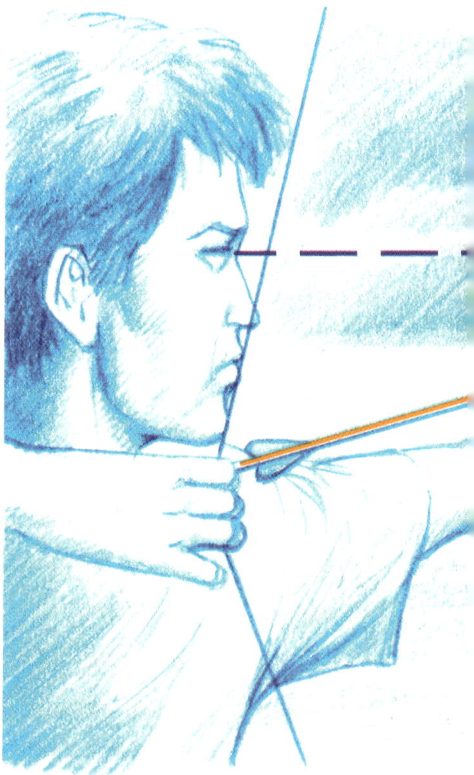

Dans quelle direction la flèche doit-elle partir pour parvenir au centre de la cible ? La résistance de l'air a ici relativement peu d'effet. La trajectoire de la flèche est à peu près balistique, c'est-à-dire de forme parabolique. Pour une vitesse typique de 70 mètres par seconde (250 kilomètres par heure), le vol dure environ une seconde. Au moment de toucher la cible, la flèche a chuté d'une certaine distance par rapport au point situé dans le prolongement de la

vitesse initiale *(voir la figure 1)*. Cette distance de chute est égale à la moitié du produit de l'accélération de la pesanteur par le carré de la durée du vol ($gt^2/2$). Dans notre exemple, la « chute » est d'environ cinq mètres, d'où l'on déduit que la vitesse initiale de la flèche doit faire un angle de quatre degrés avec la droite joignant le tireur et le centre du blason.

La chute contrôlée de la flèche

Tirer dans la bonne direction ne suffit pas. La distance de chute dépend de la durée du vol, donc de la vitesse initiale de la flèche. À chaque tir, l'archer doit armer l'arc avec une force telle que la hauteur de chute soit contrôlée à cinq centimètres près, soit une marge d'erreur de un pour cent. Le temps de vol étant inversement proportionnel à la vitesse de la flèche, et celle-ci étant proportionnelle à l'allonge (écartement de la corde par rapport à sa position au repos), la hauteur

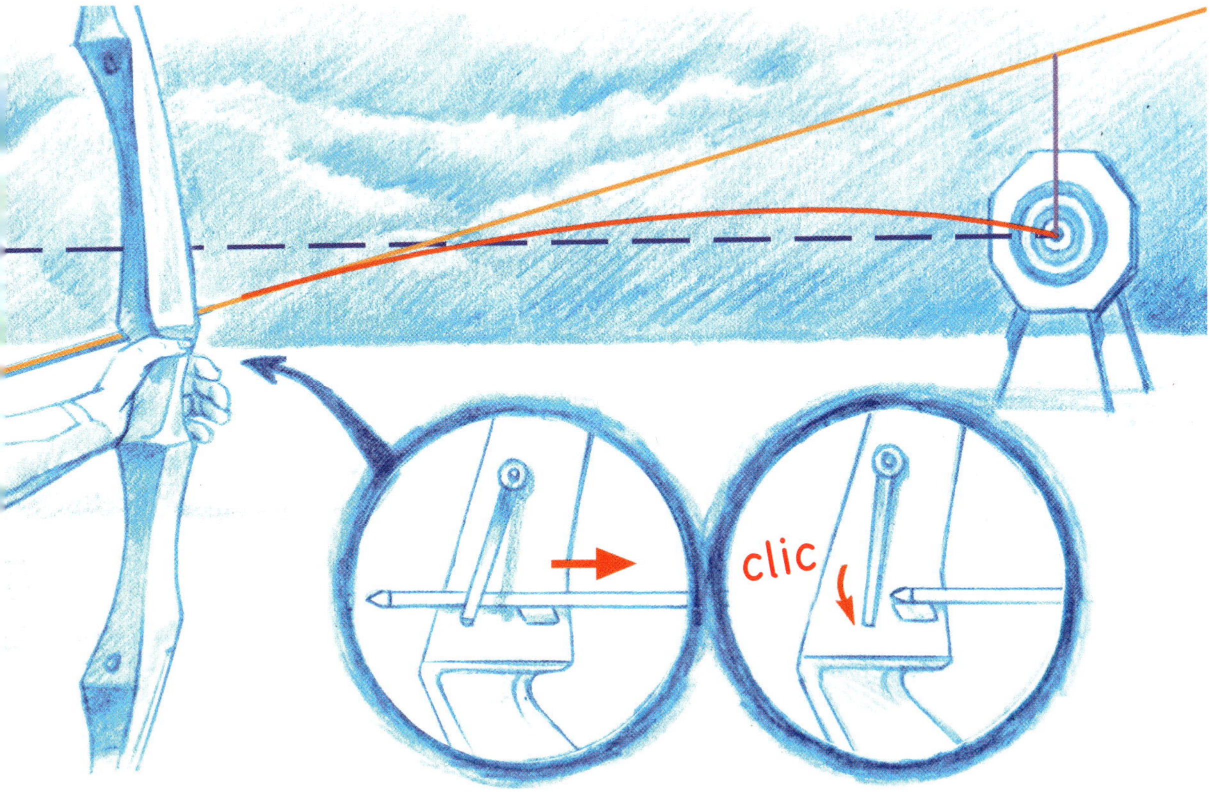

1. Pour atteindre la cible, distante de 70 mètres, l'archer doit d'abord viser juste, c'est-à-dire tenir son arc bien vertical et aligner son viseur, supposé bien étalonné, avec le centre de la cible. Il doit aussi imprimer une vitesse constante à la flèche ; pour ce faire, il s'aide du cliqueur *(zoom)*, qui clique dès que la flèche a suffisamment reculé. La trajectoire de la flèche est presque parabolique. À son arrivée, la flèche a « chuté » verticalement d'environ cinq mètres *(en violet)* par rapport au point situé dans le prolongement de la vitesse initiale.

de chute est inversement proportionnelle au carré de l'allonge. Ce résultat implique que, pour obtenir une précision de un pour cent sur la hauteur de « chute », l'archer doit restituer l'allonge avec une précision de 0,5 pour cent, soit environ 3 millimètres.

Pour atteindre une telle reproductibilité, les sensations kinesthésiques – la perception de la position et de l'effort – ne suffisent plus. Un « cliqueur » aide l'archer à contrôler son allonge. Il s'agit d'une lame souple fixée sur l'avant du manche de l'arc. Quand l'archer arme, la flèche écarte le cliqueur de sa position de repos et glisse en arrière sous lui. Dès que la pointe de la flèche arrive en deçà de la lame, celle-ci « clique » contre le manche de l'arc. L'archer sait alors qu'il a la bonne allonge : il peut décocher.

d

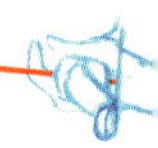

Le paradoxe de l'archer

Même si le viseur de l'arc est bien réglé
et si l'archer contrôle la direction et la force de son tir,
de nombreux effets jouent les trouble-fête. Observons la décoche d'une flèche dans un arc droit. Tout d'abord, la flèche repose contre le manche de l'arc et, de ce fait, pointe légèrement vers le côté. La force exercée par la corde n'étant pas dirigée dans l'axe de la flèche, elle fait pivoter le projectile autour d'un axe vertical. De plus, lorsque l'archer lâche la corde, celle-ci glisse légèrement sur les doigts et acquiert une vitesse transverse. Enfin, la partie arrière de la flèche est plus large que son corps à cause de la présence de plumes (l'empennage). Or en dépit de tous ces phénomènes, la flèche atteint bien un point situé dans le plan de l'arc !

Ce « paradoxe de l'archer » a été élucidé dans les années 1930-1940 par le physicien américain Paul Klopsteg. Avec une caméra ultrarapide, il a constaté que lors de la décoche, la flèche se tord et vibre en progressant : elle semble serpenter autour du manche de l'arc. Comment expliquer cette contorsion ? La petite embardée de la corde, due aux doigts qui la lâchent, communique à l'extrémité arrière de la flèche une accélération latérale de plusieurs centaines de fois l'accélération de la pesanteur. Le fût de la flèche fléchit, car l'inertie empêche que ce déplacement latéral soit ressenti instantanément à la pointe qui, elle, subit une force provenant du manche. Comme une lame de vibraphone frappée à l'une de ses extrémités, la flèche se met à vibrer dans un plan horizontal.

Si la progression de la flèche et les contorsions de celle-ci sont synchrones, le corps de la flèche ne vient pas au contact du manche *(voir la figure 2)*. Lorsque le milieu de la flèche arrive au niveau du manche, les

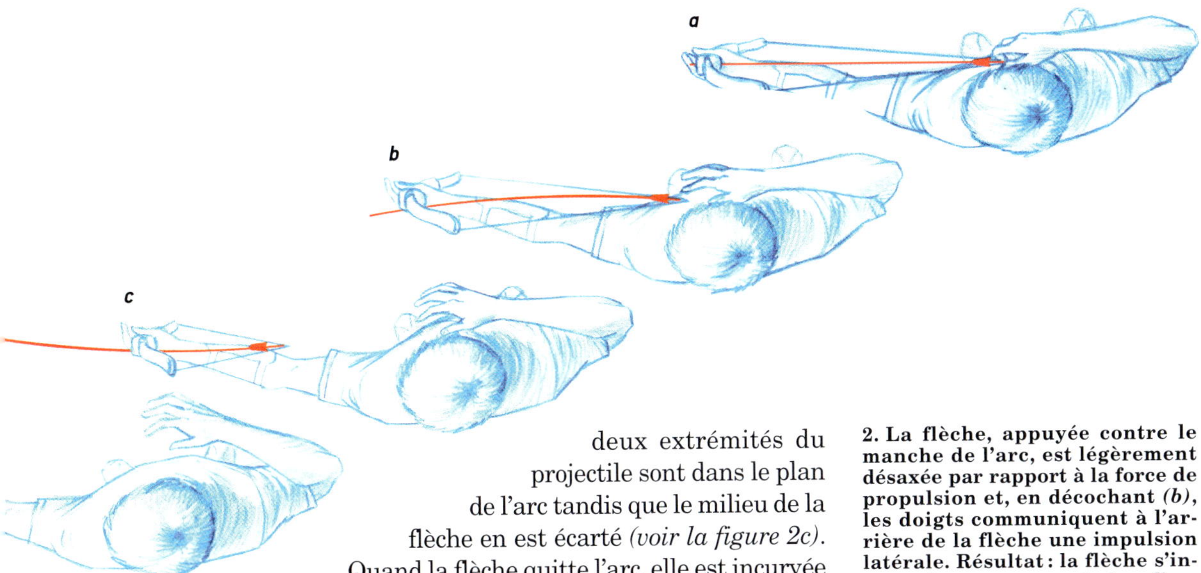

2. La flèche, appuyée contre le manche de l'arc, est légèrement désaxée par rapport à la force de propulsion et, en décochant *(b)*, les doigts communiquent à l'arrière de la flèche une impulsion latérale. Résultat : la flèche s'incurve dans un sens puis dans l'autre tout en avançant, et contourne le manche *(c, d)*.

deux extrémités du projectile sont dans le plan de l'arc tandis que le milieu de la flèche en est écarté *(voir la figure 2c)*. Quand la flèche quitte l'arc, elle est incurvée dans l'autre sens *(voir la figure 2d)*. En raison de ces oscillations, la trajectoire de la flèche est initialement sinueuse, mais les vibrations s'atténuent à cause des frottements avec l'air : la flèche suit bien la direction visée.

Pour minimiser ces effets perturbateurs, P. Klopsteg a conçu dès 1930 l'ancêtre des arcs actuels. Grâce à un manche présentant un décrochement en son milieu, la flèche se trouve dans le plan de l'arc. De plus, afin d'éviter un contact latéral trop appuyé, la flèche repose contre un petit bouton monté sur ressort. En contrôlant la raideur de celui-ci à l'aide d'une vis, l'archer règle l'amplitude des vibrations de la flèche.

Par ailleurs, il faut choisir les flèches de façon que l'empennage ne frotte pas contre le manche. Il est essentiel pour cela que le temps mis par la queue de la flèche pour atteindre le manche soit de l'ordre de 1,5 fois la période de vibration de la flèche. L'écartement entre l'empennage et le manche est alors proche du maximum. La période de vibration dépend de la masse et de la rigidité de la flèche. Toutefois, la masse n'intervient pas dans l'ajustement entre cette période et le temps mis par la flèche pour dépasser le manche : les calculs montrent qu'une flèche plus lourde oscille moins vite qu'une flèche légère, mais ils montrent aussi que sa vitesse de sortie est réduite dans les mêmes proportions. Afin de savoir si la flèche est adaptée à l'arc, il suffit donc de déterminer sa rigidité. Pour ce faire, la flèche étant horizontale, on suspend un poids à une de ses extrémités en maintenant l'autre fixée, puis on mesure le fléchissement. Si la rigidité est inappropriée, il n'y aura plus qu'à changer de matériau... ou d'arc !

L'art du ballon bien brossé

L'efficacité des étonnants tirs courbes de David Beckham ou autre Roberto Carlos s'explique par la modification, en fonction de la vitesse, du sillage de l'air qui s'écoule autour du ballon et des frottements que subit ce dernier.

C'est la finale de l'Euro 2004 : le tireur de coup franc s'élance, frappe le ballon et le propulse à plus de 100 kilomètres par heure. La balle passe au-dessus du mur défensif et file à droite vers un point situé au-dessus du cadre ; à l'approche du but, elle ralentit soudainement, se déporte latéralement et plonge dans la « lucarne » gauche ! Les forces responsables de ces effets – une déviation et un fort ralentissement du ballon en fin de trajectoire – s'expliquent en analysant le sillage du ballon dans l'air.

L'écoulement autour d'une balle

Pour examiner les forces qui s'exercent sur le ballon nous le plaçons dans une soufflerie où il est fixe et soumis à un flux d'air de vitesse contrôlée. Nous observons le comportement des filets d'air qui le contournent et, en réaction, les forces que ces filets d'air exercent sur le ballon.

Quand l'écoulement est lent, les filets suivent la surface puis se rejoignent en arrière du ballon, et continuent à s'écouler comme s'ils n'avaient jamais rencontré d'obstacle. La force que subit le ballon dans ce cas est due au frottement visqueux de l'air sur sa surface.

Dès que la vitesse de l'écoulement dépasse un kilomètre par heure, les filets d'air cessent de suivre le contour du ballon et décollent de sa surface. Dans l'espace qu'ils libèrent derrière le ballon, apparaît un sillage formé d'écoulements à contre-courant plus ou moins tourbillonnants. Ce sillage est tout à fait comparable aux turbulences que l'on observe derrière les piles d'un pont lorsque le courant est rapide. Ainsi, le ballon ralentit l'écoulement et, en réaction, l'air exerce sur le ballon une force opposée au mouvement, la traînée de sillage, bien plus grande que la traînée due au frottement visqueux. Celle-ci est proportionnelle à la section transverse du ballon, au carré de la vitesse de l'écoulement, à la masse volumique de l'air et à la moitié d'un certain « coefficient » : le « *Cx* ». Ce dernier est proche de 0,5 pour une sphère. Un ballon de football (de rayon 11 centimètres), pesant 0,4 kilogramme et se déplaçant dans l'air (dont la masse volumique vaut ici 1,3 kg/m^3) à une vitesse de 70 kilomètres par heure subit ainsi, à cause de son sillage, une traînée égale à son poids, soit environ 4 newtons. Il ralentira autant dans la direction de la vitesse qu'il accélérera en tombant…

Le décollement de la couche limite

D'où vient le sillage ? Dans la soufflerie, l'obstacle que représente le ballon fait plus que dévier les filets d'air : comme le rétrécissement ou l'évasement d'un tuyau, il modifie la vitesse du fluide. Dans un tuyau, en effet, le débit est constant (proportionnel à la vitesse multipliée par l'aire de la section), de sorte qu'un fluide y accélère dans les rétrécissements et ralentit dans les évasements. De façon comparable, quand l'air progresse à l'avant du ballon, la section de l'écoulement diminue de sorte que la vitesse de l'air augmente. Inversement, une fois dépassé l'équateur du ballon, la place disponible pour l'écoulement augmente, de sorte que l'air ralentit et reprend la vitesse qu'il avait très en amont du ballon.

Les filets d'air qui passent à quelques millimètres de la surface du ballon ne sont pas ralentis et s'écoulent librement ; en revanche, l'air qui est au contact de la paroi du ballon semble y adhérer. La transition s'effectue dans une couche de quelques millimètres d'épaisseur, la couche limite. Les filets de la couche limite sont entraînés par l'air situé

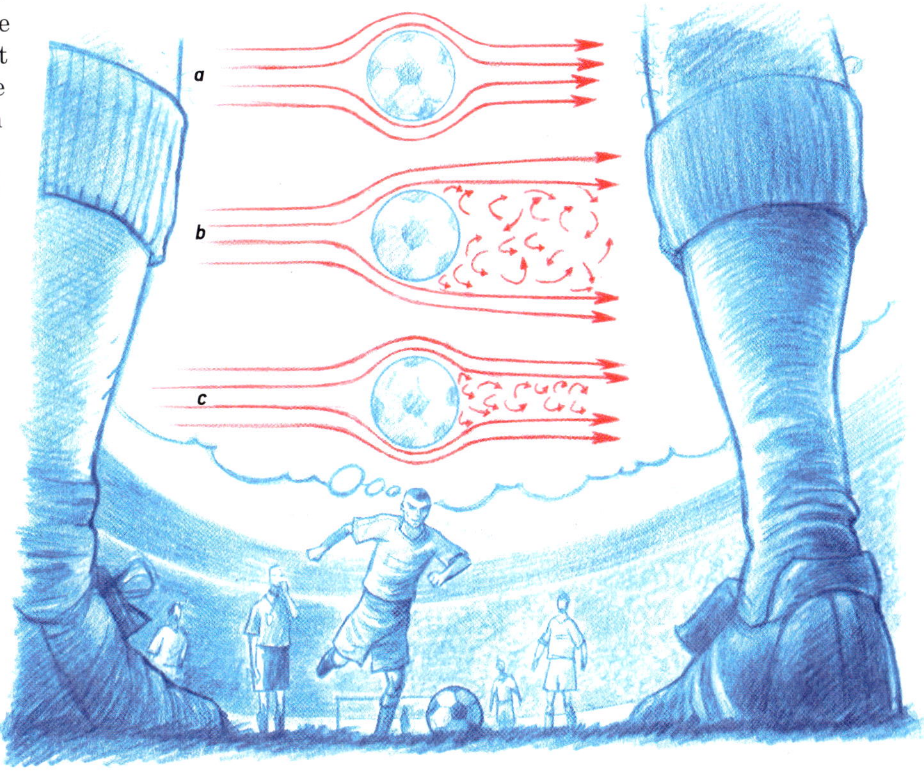

1. L'écoulement de l'air autour du ballon change de nature avec la vitesse. À moins de un kilomètre par heure *(a)*, il est laminaire, de sorte que le ballon n'est ralenti que par le frottement de l'air sur sa surface. À vitesse supérieure *(b)*, un sillage turbulent apparaît, dont le diamètre croît jusqu'à atteindre celui du ballon. Ce phénomène augmente beaucoup la force de freinage, qui décroît toutefois à grande vitesse (au-delà de 80 km/h), parce que la turbulence à la surface du ballon réduit le sillage *(c)*.

hors de la couche limite, mais ils sont aussi freinés par leurs frottements sur la surface du ballon. Ainsi, dans leur phase d'accélération (à l'avant du ballon), les filets d'air de la couche limite accélèrent moins que ceux qui sont plus éloignés du ballon, et dans leur phase de décélération (après l'équateur du ballon), ils ralentissent plus. Au final, au lieu de retrouver la vitesse du fluide qui existe très en amont du ballon, l'air de la couche limite est ralenti jusqu'à l'arrêt avant d'avoir contourné tout le ballon. Près de ce point d'arrêt, les filets d'air un peu plus éloignés du ballon s'écartent de la surface : la couche limite « décolle » et le sillage apparaît. Plus ce décollement se produit tôt, plus le sillage est grand et le freinage fort.

2. Le sillage d'une balle qui tourne sur elle-même est défléchi hors de l'axe de la vitesse. Tout se passe comme si la rotation de la balle entraînait le sillage en « frottant » contre lui. En conséquence, le ballon subit une force de réaction qui le déporte latéralement *(flèche noire)*.

Roberto Carlos tire

Maintenant que nous comprenons la formation du sillage, décrivons le voyage d'un ballon de coup franc. Supposons que Roberto Carlos, lui-même, tire notre coup franc : dans ce cas, la vitesse du ballon pourra atteindre 120 kilomètres par heure au départ. À de telles valeurs de la vitesse, même la couche limite est turbulente, et pas seulement le sillage. Cette turbulence mélange l'air qui frôle la surface à celui qui passe plus loin, et ce mélange a pour effet de repousser vers l'arrière du ballon le décollement de la couche limite, à mi-chemin entre l'équateur et l'arrière du ballon. Résultat : la section du sillage est divisée par quatre. Proportionnelle à la quantité d'air perturbée par le passage du ballon (donc à la section du sillage), la traînée est diminuée d'autant.

Aussi, lors d'un coup franc, au départ du ballon,

la traînée est-elle relativement faible. La balle est néanmoins freinée jusqu'à ce que la turbulence disparaisse dans la couche limite. Augmentant alors de 400 pour cent en une fraction de seconde, la traînée ralentit si vite la balle que celle-ci plonge vers les buts, comme si elle venait de retrouver la gravité !

Pour compliquer encore la tâche du gardien, le tireur frappe sur le côté du ballon. Il lui donne ainsi un mouvement de rotation rapide sur lui même. Supposons par exemple qu'il frappe le ballon de sorte que vu de dessus, le ballon tourne dans le sens contraire des aiguilles d'une montre. Sur le côté droit du ballon, la vitesse de rotation de la surface de la balle s'ajoute à la vitesse d'ensemble du ballon. Ce mouvement de rotation augmente la vitesse relative du fluide par rapport à la paroi du ballon et ralentit plus fortement les filets d'air de la couche limite. Celle-ci décolle plus en amont de l'écoulement. Au contraire, sur le côté gauche, la surface du ballon accompagne l'écoulement de l'air et la couche limite décolle plus en aval. Les points de décollement de la couche limite de part et d'autre du ballon ne sont plus symétriques, de sorte que le sillage est dévié vers la droite.

3. Une balle bien « brossée » adoptera une trajectoire aussi courbe dans le plan horizontal, qu'elle l'est dans le plan vertical. Si elle est tirée assez fort, sa vitesse diminuera en outre très fortement vers la fin de la trajectoire, ce qui contribuera à tromper le gardien de but.

Cette action du ballon en rotation sur le sillage appelle une réaction du sillage sur le ballon, et le ballon est dévié vers la gauche du tireur. Si l'angle de déviation du sillage est de 30 à 45 degrés, ce qui se produit avec une rotation rapide (de l'ordre de 10 révolutions par seconde), la force latérale est du même ordre de grandeur que la force de traînée et donc que le poids de la balle. La courbure de la trajectoire est alors la même dans le plan horizontal et le plan vertical : la balle arrive dans les buts, décalée de plusieurs mètres par rapport au point initialement visé ! Tous les coups francs ne sont pas francs...

Bibliographie

Étoiles des neiges

Morphogenesis on ice : The Physics of Snow Crystals, Engineering and Science LXIV, vol. 1, 2001.

Cercles de pierres

M.A. Kessler et B.T. Werner, *Self-Organization of sorted patterned ground*, in *Science*, vol. 299, p. 383, 2003.

E.D. Yershov, *General geocryology*, Cambridge University Press, 1998.

Les mélanges du froid

Yves Rocard, *Thermodynamique*, 2e édition, Masson, Paris, 1967.

Le chaud qui venait du froid

J. Taine et J.-P. Petit, *Transferts thermiques*, Dunod, Paris, 1993.

L'eau et le feu

Paul Grimwood, *Tactical flow rates for interior fire-fighting*, téléchargeable sur :
http://www.firetactics.com
http://www.flashover.fr

Le Bédouin était en noir

A. Shkolink, C.R. Taylor, V. Finch et A. Borut, *Why do Bedouins wear black robes in hot deserts ?* in *Nature*, vol. 283, pp. 373-374, 1980.

Lumineuses poussées

K. Aoki et collaborateurs, *A rarefied gas flow caused by a discontinuous wall temperature*, in *Physics of Fluids*, vol. 13, n° 9, pp. 2645-2661, 2001.

Voiles solaires : http://www.solarsail.org

Expériences de Lightcraft : http://www.lightcrafttechnologies.com

La seiche polarisante

T.W. Cronin et collaborateurs, *Polarization vision and its role in biological signaling*, in *Integr. Comp. Biology*, vol. 43, pp. 549-558, 2003.

R. Wehner, *Polarization vision - a uniform sensory capacity ?* in *Journal of Experimental Biology*, vol. 204, pp. 2589-2596, 2001.

À travers le miroir

Eugene Hecht, *Optics*, 4e édition, Addison-Wesley, Bonn, 2002.

Paul Combes, *Micro-ondes*, Dunod, Paris, 1997.

Le choix de la réflexion

S. Berthier, *Iridescences : les couleurs physiques des insectes*, Springer-Verlag, Heidelberg, 2003.

A.R. Parker, *515 millions years of structural colour*, in *Journal of Optics A*, vol. 2, pp. 515-R28, 2000.

Faisceaux d'ondes et de lumière

O. Solgaard, F.S.A. Sandejas et D.M. Bloom, *Deformable grating optical modulator*, in *Optics Letters*, vol. 17, pp. 688-690, 1992.

Pas de pudeur avec les rayons T !

J.M. Chamberlain, *Where optics meets electronics : recent progress in decreasing the terahertz gap*, in *Philosophical Transactions : Math, Phys. & Eng. Sciences*, vol. 362, n° 1815, pp. 199-213, 2004.

P.H. Siegel, *Terahertz technology*, in IEEE *Trans. on Microwave Technology and Technics*, vol. 50, pp. 910-928, 2002.

Ces ondes qui restent en forme

N. Sugimoto et collaborateurs, *Verification of acoustic solitary waves*, in *Journal of Fluid Mechanics*, vol. 504, pp. 271-299, 2004.

M. Remoissenet, *Waves called solitons*, 3e édition corrigée, Springer, Heidelberg, 2003.

Ondes et Moho

A. Sommerfeld, *Mechanics of deformable bodies*, Academic Press, New York, 1950.

Richard Feynman, *Le cours de physique de Feynman*, in *Mécanique*, vol. 2, 2e édition, InterÉditions, Paris, 1979.

LA MÉMOIRE MAGNÉTIQUE DES PIERRES

E. du Trémolet de Lacheisserie, *Magnétisme I et II*, Grenoble Sciences, 2000.

BOUCLIERS MAGNÉTIQUES

Jean-Loup Delcroix et Abraham Bers, *Physique des plasmas*, Collection Savoirs actuels, EDP Sciences/CNRS Éditions, Paris, 1994.

Martin Walt, *Introduction to geomagnetically trapped radiation*, Cambridge University Press, 1994.

COUP DE FOUDRE CHEZ SOI

C. Guerret-Piecourt et collaborateurs, *Electrical charges and tribology of insulating materials*, in *Comptes Rendus de l'Académie des Sciences de Paris*, série IV, vol. 2, n° 5, pp. 761-774, 2001.

D.M. Pai et B.E. Springett, *Physics of electrophotography*, in *Reviews of Modern Physics*, vol. 65, n° 1, pp. 163-211, 1993.

W.R. Harper, *Contact and frictionnal electrification*, Clarendon Press, Oxford, 1967.

CENTRIFUGEONS LE CAFÉ TURC !

É. Guyon, J.-P. Hulin et L. Petit, *Hydrodynamique physique*, Collection Savoirs Actuels, EDP Sciences/CNRS Éditions, Paris, 2001.

A. Bouyssy et collaborateurs, *Physique pour les sciences de la vie*, Belin, Paris, 1987 et 1988.

300 ÉTOILES D'ARTIFICE

John Conkling, *Les feux d'artifice*, Dossier *La Couleur*, Pour la Science, avril 2000.

LA FORCE QUI COLLE

K. Autumn et collaborateurs, *Evidence for Van der Waals adhesion in gecko setae*, in *Proceedings of the National Academy of Sciences*, vol. 99, 12252-12256, 2002.

Jacob Israelachvili, *Intermolecular and surface forces*, Academic Press, New York, 1992.

PIÈGES À EAU

F. Buchholz, *Journal of chemical education*, vol. 73, p. 512, 1996.

P.-G. de Gennes, F. Brochard-Wyard et D. Quéré, *Gouttes, bulles, perles et ondes*, 2nd édition, Belin, Paris 2005.

LES CHÂTEAUX DE SABLE HUMIDE

Jacques Duran, *Sables émouvants*, Belin-Pour la Science, Paris, 2003.

Thomas C. Hasley et Alex J. Levine, *How sandcastles fall*, in *Physical Review Letters*, vol. 80, n° 14, pp. 3141-3144, 1998.

ÇA REBONDIT OU ÇA CASSE !

C. Lemaignan, *La rupture des matériaux*, EDP Sciences, Paris, 2003.

W. Goldsmith, *Impact : the theory and physical behaviour of colliding solids*, Arnold, Londres, 1960.

BLOCAGES PARFAITS

Jacques Duran, *Sables, poudres et grains : introduction à la physique des milieux granulaires*, Eyrolles Sciences, Paris, 1997.

J.L. Meriam et L.G. Kraige, *Mécanique de l'ingénieur : Statique*, Vuibert, Paris, 1995.

LE GOND ET LE VIOLON

D.E. Hall, *Musical acoustics*, Brooks/Cole Publishing Company, Pacific Grove, 1990.

F. Heslot et collaborateurs, *Creep, stick-slip, and dry friction dynamics : experiments and a heuristic model*, in *Physical Review*, vol. E49, p. 4973, 1994.

LE BOZO-BOZO

G. David Scott, *Control of the rotor on the natched stick*, in *American Journal of Physics*, vol. 24, p. 465, 1956.

L'ÉNIGMATIQUE PENDULE INVERSÉ

Eugene I. Butikov, *On the dynamic stabilization of an inverted pendulum*, in *American Journal of Physics*, vol. 69, p. 755, 2001.

Gordon J. VanDallen, *The driven pendulum at arbitrary drive angles*, in http://fr.arxiv.org.abs/physics/0211047.

VOICI VENIR L'ÉNERGIE LITHOÉLECTRIQUE

David Jones, *The further inventions of Daedalus*, Oxford University Press, 2000.

L'ART DU RICOCHET

Lyderic Bocquet, *The physics of stone skipping*, in *American Journal of Physics*, vol. 71, p. 150, 2003. Disponible sur internet à : http://fr.arxiv.org/abs/physics/0210015.

FLUVIAL OU TORRENTIEL ?

W.H. Graf et M.S. Altinakar, *Hydraulique fluviale*, Presses polytechniques et universitaires romandes, Lausanne, 2000.

LA NAGE DES POISSONS

M. Sfakiotakis, D.M. Lane et J.C. Davies, *Review of fish swimming modes for aquatic locomotion*, in IEEE *Journal of oceanic enginneering*, vol. 24, p. 27, 1999.

S.F. Manning, *How to scull a boat*, in *Wooden Boat*, 1991.

L'ÉQUILIBRE À VÉLO

J. Fajansa, *Steering in bicycles and motorcycles*, in *American Journal of Physics*, vol. 68, p. 654, 2000.

D.E.H. Jones, *The stability of the bicycle*, in *Physics Today*, vol. 23, p. 34, 1970.

L'HÉLICOPTÈRE À FORCE HUMAINE

Steven Vogel, *Life in moving fluids*, Princeton University Press, 1994.

Robert Dudley et Peng Chai, *Animal flight mechanics in physically variable gas mixtures*, in *Journal of Experimental Biology*, vol. 199, p. 1881, 1996.

AUSSI VITE, AUSSI HAUT, AUSSI FORT

Sous la direction de A. Armenti, *The physics of sports*, American Institute of Physics, New York, 1992.

L'ARC, MERVEILLE TECHNIQUE

M. Denny, *Bow and catapult internal dynamics*, in *European Journal of Physics*, vol. 24, pp. 367-378, 2003.

B.W. Kooi, *On the mechanics of the bow and arrow*, thèse de doctorat, Université de Groningue, Pays-Bas, 1983.

SUIVEZ LA FLÈCHE...

B.W. Kooi, *The archer's paradox and modelling, a review*, in *History of Technology*, vol. 20, pp. 125-137, 1998.

Les articles de B. Kooi sont téléchageables à : http://www.bio.vu.nl/thb/users/kooi/

Des séquences vidéo figurent sur http://www.ide-teknik.com/eindex.htm

L'ART DU BALLON BIEN BROSSÉ

John Wesson, *La science du football*, Belin-Pour la Science, Paris, 2004.

Vous trouverez des compléments sur le site des auteurs : http://idphys.free.fr

Index général

Index des noms propres

Imprimé en France par Clerc, à Saint-Amand-Montrond
N° d'édition : 075080-01 - N° d'imprimeur : 9127
Dépôt légal : mars 2006